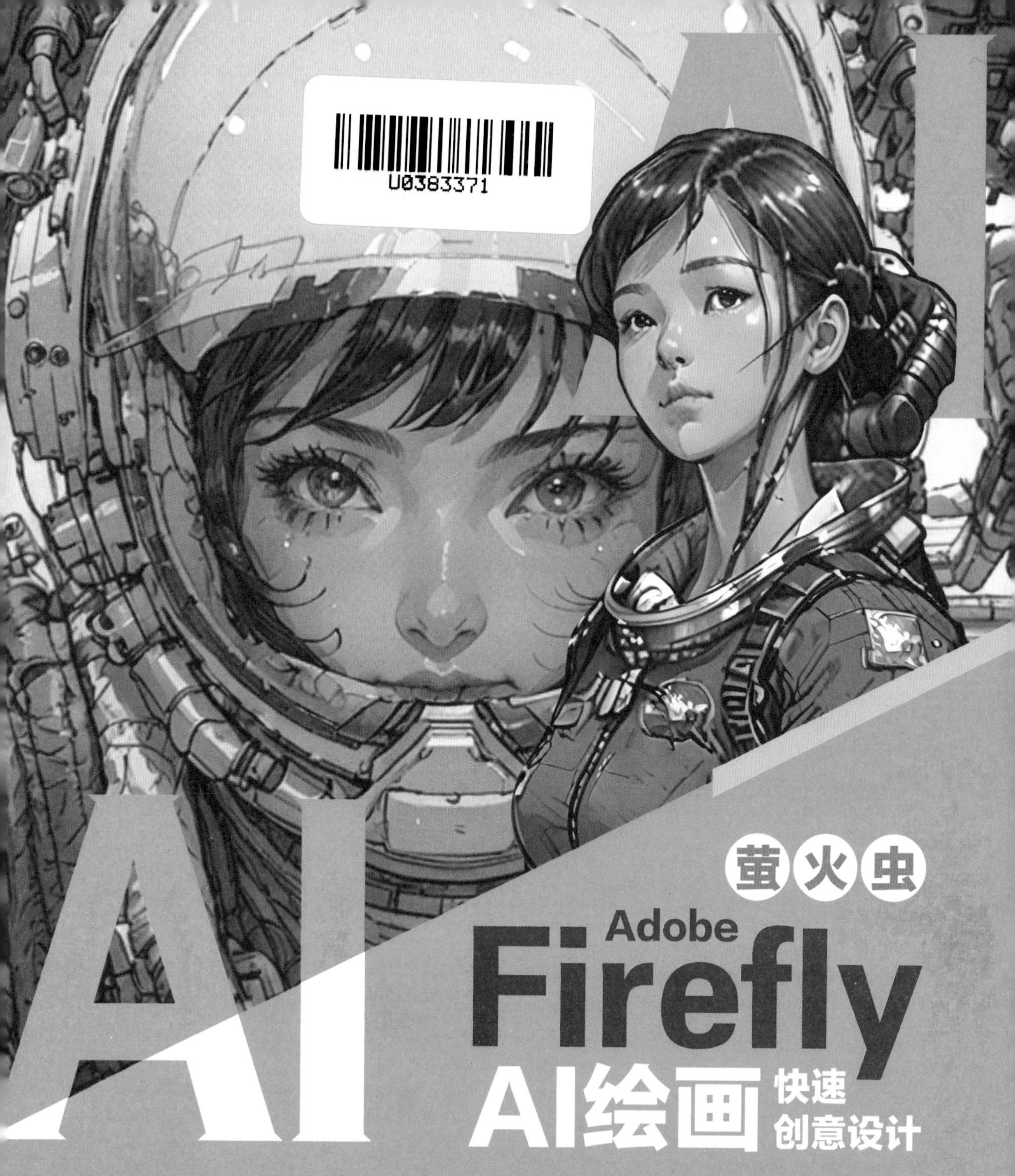

萤火虫

Adobe Firefly AI绘画快速创意设计

王红卫 / 编著

清華大学出版社
北京

内 容 简 介

人工智能（Artificial Intelligence，AI）浪潮的席卷已经变成不可阻挡的趋势，伴随着这种变化，在图形设计、图像制作、绘画领域也相应发生了变化，出现了AI创作新的形式。本书编写的目的就是带领读者朋友快速了解AI创作的原理机制，以及如何利用AI进行创作。本书以Adobe Firefly作为核心应用进行讲解，得益于Adobe公司的图像处理开发功底，Adobe Firefly的AI创作功能非常强大。通过阅读本书，读者朋友可以快速入门，掌握如何利用专业的关键词生成高水准的图形图像，同时也可以加强自己对图形图像创作的认知能力。

区别于以往利用繁杂功能的软件进行创作的机制，Adobe Firefly提供了简单易上手的操作形式，读者朋友只需要掌握关键词的输入，同时辅以示例提示、颜色调和、样式及效果等即可创作出惊艳的作品。本书的讲解过程比较简单，只需要根据书中所列举的步骤进行操作即可。在整个讲解过程中，本书还安排了大量的提示和技巧，相信通过阅读本书，读者可以快速找到自己想要的答案。

本书不仅适用于平面设计师、平面设计爱好者和平面设计相关从业人员阅读，也可作为社会培训机构、大中专院校相关专业的教学参考书或上机实践指导用书。

图书在版编目（CIP）数据

Adobe Firefly：萤火虫：AI绘画快速创意设计 / 王红卫编著. -- 北京：清华大学出版社，2024.6.
ISBN 978-7-302-66470-3
Ⅰ. TP391.413
中国国家版本馆CIP数据核字第202432UM97号

责任编辑：赵 军
封面设计：王 翔
责任校对：闫秀华
责任印制：宋 林
出版发行：清华大学出版社
网 址：https://www.tup.com.cn，https://www.wqxuetang.com
地 址：北京清华大学学研大厦A座　　邮 编：100084
社 总 机：010-83470000　　邮 购：010-62786544
投稿与读者服务：010-62776969，c-service@tup.tsinghua.edu.cn
质量反馈：010-62772015，zhiliang@tup.tsinghua.edu.cn

印 装 者：三河市铭诚印务有限公司
经 销：全国新华书店
开 本：185mm×235mm　　印 张：13.25　　字 数：318千字
版 次：2024年6月第1版　　印 次：2024年6月第1次印刷
定 价：79.00元

产品编号：107113-01

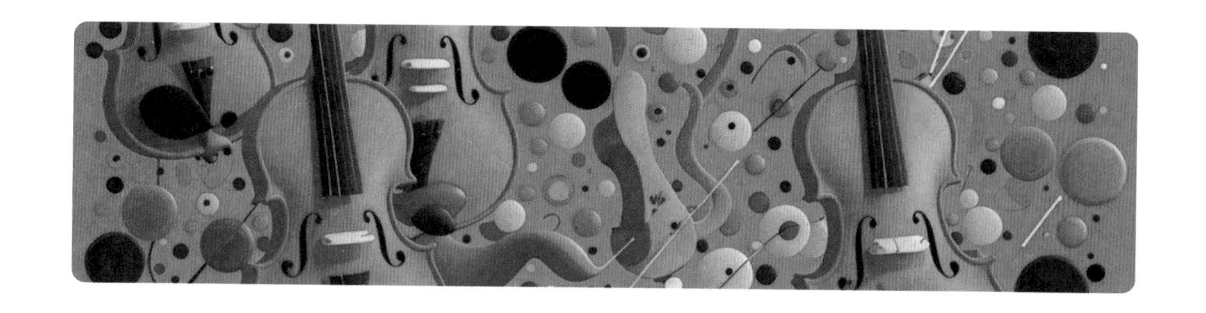

前/言

AI创作浪潮已经席卷而来！读者朋友，你准备好了吗？在当下信息发达的时代，AI已经在各行各业大展拳脚。正如你所期待的那样，在艺术创作领域也涌现出了一种全新的形式——AI创作。在图形图像创作领域中，AI的功能可以说是颠覆了以往传统的创作形式。用户只需输入关键词即可生成期望的图形图像，在生成的页面中再进行简单的调整即可达到令人惊艳的图像效果。本书以Adobe Firefly为创作工具，它是Adobe系列产品中新的创意生成AI模型系列，擅长于图像和文本效果生成。Firefly提供了构思、创作和沟通的新方式，同时显著提升了工作效率。随着本书对这种创作形式的讲解，相信读者朋友会打开一扇全新的艺术创作大门。

本书全面围绕Adobe Firefly的创作思路进行编写，一切以作品创作为中心。通过输入大量特定关键词，读者朋友可以快速入门，找到属于自己的创作思路，全面玩转Adobe Firefly。本书包括以下几部分内容：

- Firefly基础知识学习
- 利用文字生成指定图像
- 图像美化与处理应用
- 特效纹理艺术字制作
- Firefly在Photoshop AI中的特效应用
- Firefly拓展之Express的应用

时代浪潮在涌动，新的创作形式已经到来！从最早期的手绘艺术创作到如今的AI创作时代，我们发现艺术创作的变化令人惊喜。相信读者朋友通过对本书的学习可以认识到AI创作的妙处，从而全面提升自己的创作水准！

本书亮点

（1）内容全面。本书在编写过程中从Adobe Firefly最底层的创作逻辑出发，将其创作领域进行分块讲解，全面覆盖了Adobe Firefly创作的知识，从入门到提升再到进阶，内容海量且全面。

（2）真实案例。本书中所列举的实例都是人工智能艺术创作的真实商业案例，每一个实例都紧贴当下的创作方向，与当下流行的艺术创作方向紧密相连。

（3）贴心提示。本书由在人工智能创作领域拥有丰富经验的创作大师进行讲解，在整本书中不断穿插技巧与提示，真正做到从表面到深层次的全方位深度讲解。

（4）视频教学。本书中所列举的实例都配有对应的高清多媒体语音教学视频。假如读者朋友在阅读纸质书的过程中有疑问，可以随时通过观看教学视频寻找答案。

读者可通过扫描下方的二维码来下载配套资源文件。如果下载或阅读过程中遇到问题，可发送邮件至booksaga@126.com，邮件主题为“Adobe Firefly（萤火虫）：AI绘画快速创意设计”。

本书由王红卫主编，在此感谢所有创作人员对本书付出的辛勤劳动。在编写本书的过程中，由于时间仓促，难免存在一些疏漏之处，希望广大读者能够批评指正。如果在学习过程中发现问题，或有更好的建议，欢迎通过发送邮件至smbook@163.com与我们联系。

编 者

2024年3月

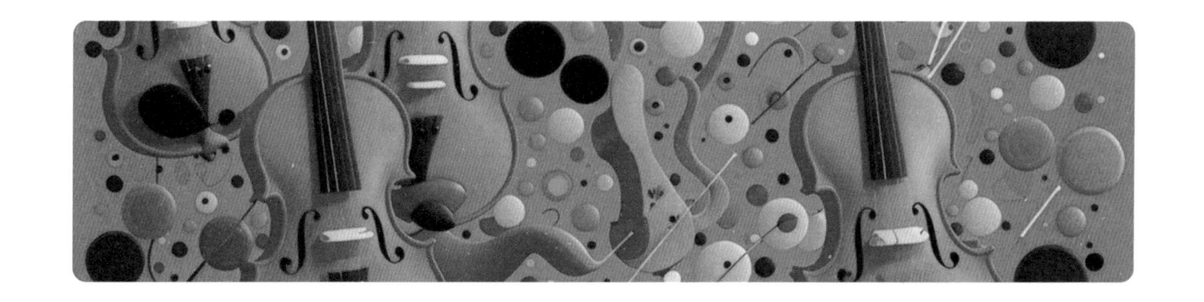

目 /录

目　　录

Adobe Firefly 萤火虫

AI绘画快速创意设计

第1章

Firefly基础知识学习

本章主要讲解Firefly基础知识。想要熟练使用Firefly，必须先从基础知识学起，从最基本的相关概念起步，比如了解Adobe Firefly是什么、Firefly的独特之处、Firefly的图像处理逻辑、Firefly背后的海量资源以及常见的问题解答等。通过学习本章的内容，读者可以掌握Firefly的基础认识与操作。

教学目标

- 了解Adobe Firefly
- 了解Firefly的独特之处
- 认识Firefly的图像处理逻辑
- 了解Firefly背后的海量资源
- 了解Adobe Firefly的几大特点
- 认识Firefly Web应用程序
- 了解Adobe Firefly的新增功能
- 学习使用文本提示创作图像
- 学会在图像中添加对象

1.1 Adobe Firefly是什么

Adobe Firefly是一款独立的Web应用程序，可通过firefly.adobe.com访问。它提供了构思、创作和交流的新方法，同时使用生成式AI显著改进了创意工作流程，并且设计安全，可放心用于商业用途。除Firefly Web应用程序外，Adobe还拥有广泛的Firefly系列创意生成式AI模型。此外，Adobe旗舰应用程序和AdobeStock中还有由Firefly提供支持的各种功能。Firefly是Adobe在过去40年中所开发技术的自然延伸，其背后的驱动理念是，人们应该有能力将自己的创意想法准确地转变为现实。Adobe Firefly Web应用程序主页如图1.1所示。

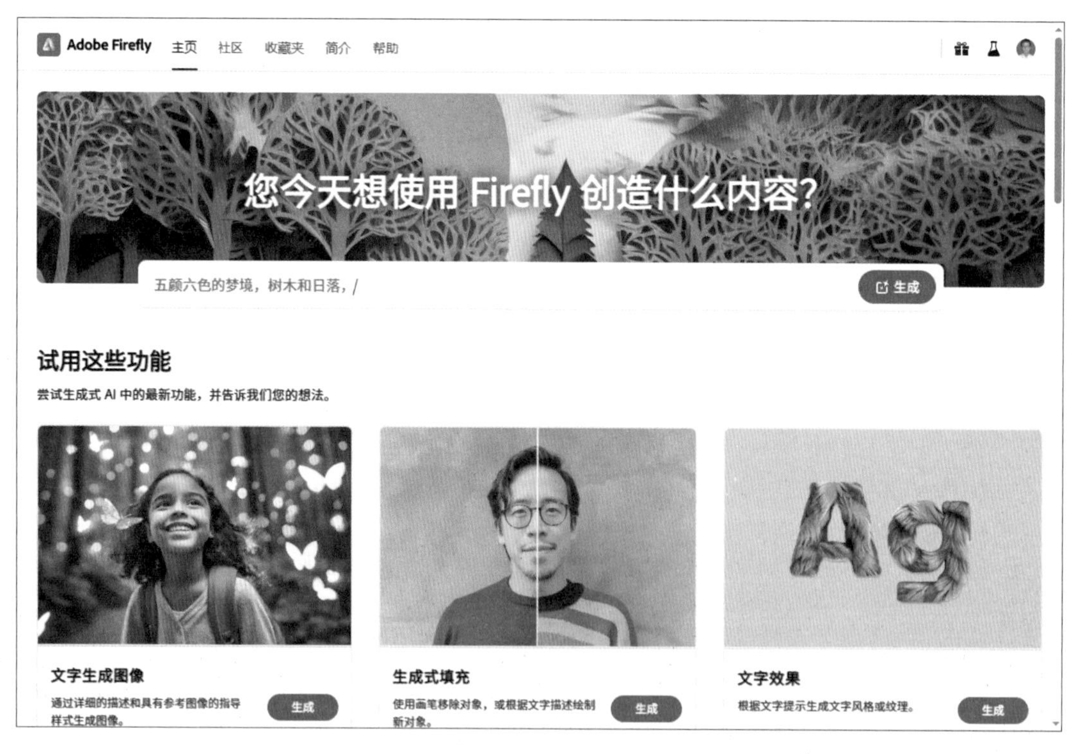

图1.1 Adobe Firefly Web应用程序主页

1.2 Firefly的独特之处

Firefly是一个基于文本的图像生成和编辑模型，它可以根据用户输入的文字描述，快速而精准地生成高质量的图像内容，并且可以与Adobe旗下的各种创意软件无缝集成，为用户提供无限的创作可能。Firefly不仅可以生成静态的图像，还可以生成动态的视频和音频。用户只需要输入一些简单的文字指令，就可以改变视频中的场景、氛围、天气等，比如，“把这个场景变成冬天”“给这个视频加上雨声”“让这个人物穿上红色的衣服”等。Firefly会立即根据用户的要求对视频进行智能化的编辑和渲染。此外，Firefly还可以生成矢量图形、插画、艺术作品和平面设计。用户只需输入一些关键词或者草图，就可以让Firefly生成各种风格和主题的素材，比如，“生成一个近未来风格的鹦鹉”“用这个手写字体做一个海报”“给这个画面添加一些纹理效果”等。Firefly会根据用户提供的信息，自动创建出独特而美观的作品。最后，Firefly甚至可以生成3D模型和场景。用户只需输入一些描述性的文字或上传一些参考图片，就可以让Firefly生成逼真而细致的3D对象和环境，比如，“用这个时钟做一个3D模型”“把我的耳机放在一个户外背包上”“创建一个水下城市”等。Firefly会根据用户指定的参数和细节，快速而精确地构建出3D空间。

1.3 Firefly的图像处理逻辑

Firefly是基于深度学习和神经网络的技术，它能够从大量的数据中学习和提取特征和规律，然后根据这些知识生成新的内容。Firefly使用了一种称为变分自编码器（Variational Auto-Encoder，VAE）的模型，这种模型能够将输入的数据编码成一个低维度的隐向量，然后从这个隐向量解码出一个与输入相似但不完全相同的输出。这样，Firefly就可以在保持输入数据的基本结构和语义的同时，创造出一些新颖而有趣的变化。Firefly还使用了一种称为生成对抗网络（Generative Adversarial Networks，GAN）的模型。这种模型让两个神经网络互相竞争和协作，从而提高生成内容的质量和真实性。GAN由一个生成器和一个判别器组成，生成器负责根据输入或随机噪声生成新的内容，判别器负责判断生成的内容是否真实或符合要求。通过不断地训练和反馈，生成器可以逐渐提高自己的生成能力，判别器可以逐渐提高自己的判断能力。最终，Firefly可以生成一些以假乱真、令人惊叹的内容。

1.4 Firefly背后的海量资源

Firefly不仅使用了最先进的AI技术，还利用了Adobe独有的优势和资源。Firefly是基于Adobe Stock6进行训练的，Adobe Stock是Adobe旗下提供数亿张高品质图像的素材库。通过使用Adobe Stock作为训练数据源，Firefly可以确保生成的内容不会侵犯他人或组织的知识产权或隐私权利，并且可以保证生成的内容符合专业标准和市场需求。Firefly还与Adobe Creative Cloud6无缝集成，Adobe Creative Cloud是Adobe旗下提供各种创意软件和服务的平台。通过与Creative Cloud集成，Firefly可以让用户在自己熟悉和喜爱的软件中轻松地使用生成AI功能，并且可以利用Creative Cloud提供的各种工具和功能对生成的内容进行进一步的编辑和优化。用户还可以通过Creative Cloud与其他用户进行协作和分享，并且可以利用Creative Cloud提供的各种分析和反馈功能来评估和改进自己的创作效果。

1.5 Adobe Firefly的几大特点

Adobe Firefly有以下特点：

- Adobe Firefly的输出内容可以分层、精细化地进行修改，相较于Stable Diffusion、Midjourney等AI绘画技术，这一点具有巨大的突破意义。
- Adobe Firefly将会被整合到视频、音频、动画和动态图形设计应用程序中，与Adobe旗下其他产品深度绑定，如PS、AE等。
- Adobe Firefly还承诺未来能够自动将导演脚本转换为故事板和可视化的动画，直接从草图生成动画效果。

1.6 Firefly Web应用程序

使用Firefly Web应用程序可以轻松地将自己的想法转变为生动的现实，从而节省大量的时间。

图1.2 文字生成图像效果

1. 文字生成图像

描述要创作的图像，从现实图像（例如肖像和风景）到更具创意的图像（例如抽象艺术和奇幻插图）。文字生成图像效果如图1.2所示。

2. 文字效果

创作引人注目的文字效果，以突出显示信息并为社交媒体帖子、传单、海报等材料添加视觉趣味，文字效果如图1.3所示。

图1.3 文字效果

3. 生成式填充

通过简单的文本提示进行描述，可以移除图像的一部分，向图像添加其他内容，或替换为所生成的内容，生成式填充效果如图1.4所示。

图1.4 生成式填充

4. 生成式重新着色

通过日常语言描述，向矢量图像应用不同的主题和颜色变体，以测试和试验无数种组合，生成式重新着色效果如图1.5所示。

图1.5 生成式重新着色

1.7 Adobe Firefly的新增功能

截至2023年10月，Adobe Firefly新增了如下的一些功能。

- 用更好的图像生成功能生成更高质量的输出。使用Adobe Firefly Image 2模型制作逼真的图像。

- Adobe Firefly Image 2模型是改进的Firefly Image模型，仅在Firefly Web应用程序中可用。它通过更好的模型架构和元数据、改进的训练算法以及更强大的图像生成功能，生成更高质量的输出，从而更快、更轻松地实现创意构想。
- Firefly Image2具有更多世界知识，可以识别更多地标和文化符号。此外，还可以使用较长的提示来控制图像生成。
- 它支持生成更出色的人物图像，特别是肖像，改善了皮肤、头发、眼睛和多样性。还改善了手和身体结构。
- 它具有更鲜丽的颜色和改进的动态范围，可以生成丰富的内容且不会出现过饱和现象。
- 新模型还具有针对内容类型的自动模式，可自动选择“照片”或“艺术”内容类型，并根据提示预测正确的照片设置，以保证获得出色的效果，而无须进行修改。
- 它支持更好的摄影质量，包括皮肤毛孔和枝叶等高频细节、卓越的景深控制和生成、打印工作流程中的400万像素输出以及用于控制生成作品景深和构图的照片设置。使用相同的提示通过Firefly Image 1（左）和Firefly Image 2（右）模型生成的图像对比效果如图1.6所示。

图1.6　对比效果

1. 根据现有的图像样式生成图像

使用Firefly Image 2中的生成式匹配根据现有图像的外观生成图像，并创建样式一致的图像。它从参考图像中获取样式，并将其应用于生成的Firefly图像。可以在Firefly控制面板中从各种精选样式图像中进行选择，也可以上传自己的图像。参考样式图像分为多种类别，包括“抽象”“写实”和“插图”。更改图像的样式或对一组特定的图像使用相同的样式的图像效果如图1.7所示。

图1.7 图像效果

2. 更改照片参数以生成逼真的图像

使用Firefly Image 2中的照片设置进行更多创意控制，并且能够调整所生成照片的设置。可以像更改真实相机照片一样更改照片参数：光圈、快门速度和视角。详细了解照片参数以及如何调整这些参数，使用“照片设置”生成自然照片，效果如图1.8所示。

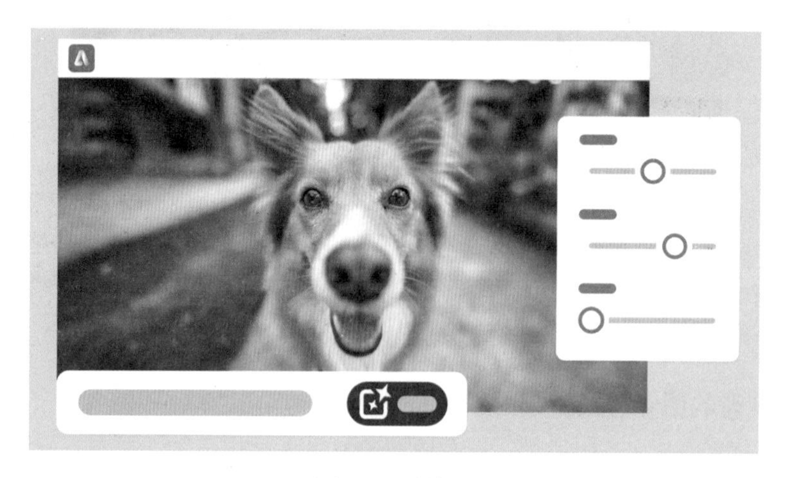

图1.8 照片效果

3. 使用提示建议自动完成提示

提示建议可以在“文字生成图像”功能中使用，该功能可帮助用户完成提示（仅限英语），从而生成符合用户构想的内容。Firefly能够推荐几种方法来扩展提示的应用范围，使得用户可以按不同的创意方向来生成图像。

4. 指定在处理提示时要避免使用的术语

在处理“文字生成图像”功能中的提示时，可指示Firefly忽略特定元素。使用否定提示可以更好地控制最终输出，例如颜色、形状等，最多可以输入100个单词（仅限英语），以从生成的图像中排除这些特定的元素。

5. 将图像保存到Creative Cloud库

将通过“文字生成图像”和“文字效果”功能生成的图像保存到Creative Cloud库，以便在Adobe Express和其他Creative Cloud应用程序中重复使用这些图像。

1.8 编写有效提示

提示是指向AI发出指令以执行某项任务或生成输出内容。提示在指导AI行为、影响其响应质量和相关性方面起着关键作用。通过编写描述性的提示，可以生成非凡且生动的图像。

编写提示有以下要点。

1. 尽量具体明确

在提示中至少使用三个单词，并避免使用“生成”或“创建”等此类字眼。坚持使用简明直接的语句，包括主体、描述词和关键词，在描述关键词时可这样描述：

- 一只毛茸茸的猫坐在窗台上望着外面的城市风光。
- 奇幻外星景观中的三个连成一串的倒置瀑布。
- 时光旅行者杂乱无章的工作室，里面摆满了充满未来感的小玩意和历史文物。

2. 清楚描述

如果能把想法描述出来，就能创造出来，描述得越详细，就越有机会获得无限的可能性。让想象力自由发挥，看看能想出什么，比如以下描述：

- 长发飘飘的蓝眼睛女士，穿着白色连衣裙，满是花海，画面逼真。
- 热带岛屿天堂，纯净的蓝绿色海水，茂密的绿色植物，充满活力的异国水果，逼真。
- 蒸汽朋克潜水艇在水下航行，经过生物发光的海洋生物。

3. 坚持原创

使用自然语言描述希望实现的效果，包括感觉、风格、光线等，让Firefly创作独特的结果，比如下列描述形式：

- 日落时分的宁静海滩，波浪平缓，棕榈树。
- 遥远的星系充满色彩缤纷的星云和闪烁的星星。
- 时髦的深红色高跟鞋，采用半透明材料的未来感设计，具有复杂的金属细节。

4. 富有同理心

将同理心代入作品中，从而穿过层层干扰，直击目标受众，想想对他们来说什么比较重要。使用爱心、轻柔和俏皮等词语来生成温馨的图像，或使用有力、强大、令人振奋等词语来生成鼓舞人心的图像，比如下列描述形式：

- 一位孤独的男士站在荒凉的悬崖边上，俯瞰着广阔而贫瘠的风景，低保真。
- 一个孩子与年迈的祖父母真诚交谈的慈爱时刻，爱，智慧。
- 一个欢乐的嘉年华，到处都是五彩缤纷的气球，活跃的表演者，彩虹色调的装饰，橙色，紫色。

5. 使用专业工具

生成式AI具有适应性，能够超越原始创意尽情探索。可以通过修改文本提示以及尝试各种AI控件，直到获得所期望的效果。之后，可使用Adobe Photoshop或Adobe Illustrator手动优化图像，以达到完美效果。

1.9 使用文本提示创作图像

使用Adobe Firefly中文字生成图像功能，快速生成图像，以丰富社交媒体帖子、海报、传单等的内容。

- 为网站制作产品模型，吸引潜在客户浏览网站。
- 制作营销材料，如海报、传单或社交媒体图形，以宣传营销活动。
- 创作娱乐内容，如幽默梗图。
- 为图书、杂志及其他出版物生成插图。

在生成图像之后，图像预览区域的各项工具功能如图1.9所示。

工具	描述
编辑	• 生成式填充：选择后可在编辑模式下打开图像以添加新内容、替换背景，或者移除图像中不必要的部分。 • 显示相似内容：选择后可使用与选定图像类似的图像替换其他结果。 • 用作参考图像：选择后可影响您接下来生成的内容。更新提示以查看新结果。您可以滑动以确定参考图像或提示的优先级，以便对结果产生更强的影响。 • 获取 Adobe Express 的更多功能：在 Adobe Express 中选择要对图像执行的操作。
更多选项	• 下载图像 • 复制指向图像的链接以与任何人共享 • 将图像复制到剪贴板 • 使用 Adobe Express 编辑图像 • 将图像提交到 Firefly 库（仅适用于个人用户） • 将图像保存到 Creative Cloud 库 下载、共享图像以及将图像保存到库时，会将内容凭据应用于图像。
保存至收藏夹	将所选图像添加到您的收藏夹。
评价此结果	提供有关图像质量和准确性的反馈。
举报	如果提示无意中生成了有问题或令人反感的图像，请举报图像。

图1.9 工具的功能

1.10 创建文本样式和纹理

只需几个简单的词语，几分钟内即可生成引人注目的字幕、徽标和标题，并且文字效果能够吸引目光，让人乐此不疲。

借助Adobe Firefly中的文字效果提升功能，既节省宝贵的时间，又添加了引人注目的创意和专业风采。

- 创建引人注目的营销材料，如海报、传单或社交媒体图形。
- 制作引人入胜的交互式教育材料，如教科书或工作表。
- 为网站或徽标创造时尚而独特的设计。
- 制作个性化消息、贺卡或其他创意项目。

如何使用Firefly Web应用程序创建文字效果？

01 通过简单的文本提示，编辑单行文本并设置其样式，或者从样式或灵感列表中进行选择。

02 转到Firefly Web应用程序中的文字效果功能。

03 输入文本，描述要生成的文字效果，然后选择生成。

04 从生成的结果中选择喜欢的图像。或者，尝试改写提示的措辞以更贴合自己想要的内容，或选择刷新以生成更多图像。

05 使用Firefly控制面板，创作将原始描述与所添加样式相结合的图像。

06 选择生成。

07 将鼠标悬停在图像上以查看更多选项。

提示 Point out

要编写有效的文本提示，尽量使用简明直接的用语，最好使用2~8个词语，例如分层彩色手套、红色/橙色/黄色地毯。

在生成图像之后，图像预览区域的各项工具功能如图1.10所示。

工具	描述
更多选项	• **下载**图像 • 将图像**复制**到剪贴板 • 将图像**提交**到 Firefly 库（仅适用于个人用户） • 使用 Adobe Express **编辑**图像 • 将图像**保存**到 Creative Cloud 库 下载图像和将图像保存到库时，会将内容凭据应用于图像。
保存至收藏夹	将所选图像添加到您的收藏夹。
评价此结果	提供有关图像质量和准确性的反馈。
举报	如果提示无意中生成了有问题或令人反感的图像，请举报图像。

图1.10 工具的功能

1.11 在图像中添加对象

使用Adobe Firefly的“生成式填充”工具，尝试一些天马行空的想法，构思不同的概念并快速生成几十种图像变体。

- 增加视觉趣味并提升美学效果。例如，可以在花瓶中添加一朵花，或在风景中添加一棵树。
- 创建更逼真的图像。例如，可以在风景照片中添加一个人，在山景照片中添加一个远足者，或在海滩照片中添加一对情侣。
- 修复缺失的人或物。例如，可以在家庭照片中添加狗的图像。
- 增添趣味和创意。例如，可以在照片中添加卡通人物。
- 通过更改照片中裙子的颜色，观察裙子在不同颜色下的效果。
- 让图片更加突出。例如，可以更改风景照片中花朵的颜色。

如何使用Firefly Web应用程序进行生成式填充操作？

01 转到Firefly Web应用程序中的生成式填充功能。

02 上传图像或从Firefly库中选择示例资源。

03 要添加对象或更改对象的颜色，请选择插入并涂刷图像中的区域或对象。

04 编辑画笔描边或设置。

05 添加详细描述，然后选择生成。如果将描述留空，则涂刷区域将根据周围环境进行填充。

06 从生成结果中选择一张图像，或者选择更多以生成更多图像变体。

07 如果图像看起来有问题或令人反感，想要针对图像的质量和准确性提供反馈，或者进行举报，将鼠标悬停在一张图像变体上，然后选择选项菜单图标。

08 选择保留以继续使用选定的图像，或者选择取消以放弃生成的图像变体。

09 图像准备就绪后，可以选择编辑、共享或保存图像。

提示 Point out

要编写有效的文本提示，尽量使用简明直接的用语，至少三个词语。例如，一只猫藏在树后，一只猴子用手拿着一根香蕉。

在画笔描边或设置中的工具功能如图1.11所示。

工具	描述
添加	添加画笔描边
去除	擦除画笔描边
画笔设置	修改画笔的大小、硬度（羽化）或不透明度
背景	擦除或替换图像的背景
反转	反转选区

图1.11 工具的功能

1.12 从图像中移除对象

从图像中移除不需要的对象对于创作而言有以下好处：

- 通过移除干扰元素来改善图像的构图。例如，从森林照片中移除电线，或从历史古迹照片中移除人物。

- 创作聚焦于特定主体的更具体图像。例如，从产品照片中移除人物。
- 尝试不同的构图和样式，创作出独一无二的创意图像。例如，从风景照片中移除一棵树，或从合照中移除一个人。

如何擦除图像中的对象？

01 转到Firefly Web应用程序中的生成式填充功能。

02 上传图像或从Firefly库中选择示例资源。

03 要移除不必要的对象，请选择移除并涂刷要移除的对象。

04 利用工具编辑画笔描边或设置。

05 选择移除。

06 从生成结果中选择一张图像，或者选择更多以生成更多图像变体。

07 如果图像看起来有问题或令人反感，想要针对图像的质量和准确性提供反馈，或者进行举报，请将鼠标悬停在一张图像变体上，然后选择“选项”菜单。

08 选择“保留”以继续使用选定的图像，或者选择“取消”以放弃生成的图像变体。

09 图像准备就绪后，可以选择编辑、共享或保存图像。

在画笔描边或设置中的工具功能如图1.12所示。

工具	描述
添加	添加画笔描边
去除	擦除画笔描边
画笔设置	修改画笔的大小、硬度（羽化）或不透明度
背景	擦除或替换图像的背景
反转	反转选区

图1.12 工具的功能

1.13 替换背景

从图像中移除背景可以拓展创作空间，为作品添加更多的想法，替换背景的功能有以下好处：

- 打造更具吸引力的图像。将背景更改为具有视觉吸引力的内容，例如异想天开的场景或超现实环境。
- 创作个性化照片。将背景更改为某个感到特别的地方或充满快乐回忆的地方。
- 打造具有视觉吸引力的图像。将背景更改为更赏心悦目的颜色或令人兴奋的场景。
- 创作聚焦特定主体的具体图像。更改产品照片的背景以移除周围的杂物或背景杂色。
- 更改图像的氛围。将背景更改为温馨怡人的场景或黑暗不祥的场景。

如何使用Firefly Web应用程序替换或移除图像背景？

01 转到Firefly Web应用程序中的生成式填充功能。

02 上传图像或从Firefly库中选择示例资源。

03 要移除或替换背景，单击背景图标。

04 添加详细描述，然后选择生成。如果将描述留空，则涂刷区域将根据周围环境进行填充。

05 从生成结果中选择一张图像，或者选择更多图像以生成更多图像变体。

06 选择“保留”以继续使用选定的图像，或者选择“取消”以放弃生成的图像变体。

07 图像准备就绪后，可以编辑、共享或保存图像。

1.14 分享Firefly创作成果

分享Firefly创作成果的步骤如下：

01 鼠标悬停在Firefly Web应用程序中生成的图像上，然后选择“更多选项”图标。

02 选择复制链接（如果使用的是移动设备，则是共享链接）。复制链接时会出现通知。

03 共享链接以允许其他人在浏览器上查看Firefly创建的内容（包括应用的参数和使用的提示），即使他们没有Creative Cloud账户也是如此。

1.15 常见问题解答

1. 什么是生成式AI

生成式AI是一种能够将普通单词和其他输入转换为非凡结果的技术。虽然围绕这项技术的讨论主要集中在人工智能图像和艺术生成方面，但生成式AI所能实现的远不止从文本提示生成静态图像。只需几个简单的单词和适当的AI生成器，任何人都可以创建视频、文档和数字体验，以及丰富的图像和艺术作品。AI艺术生成器还可用于生成“创意构建块”，如画笔、矢量和纹理，这些构建块可以被添加或用于形成内容的基础。

2. AI生成器有哪些用途

像Firefly这样的人工智能生成器，可以通过为人们提供新的方法来增强人们的创造力，包括想象、实验和将人们的想法变为现实。Firefly是独一无二的，因为Adobe希望它不仅仅是一个将文本转换为图像的生成器。作为Creative Cloud的一部分，计划让Firefly通过基于文本的编辑和生成各种媒体（从静止图像到视频再到3D对象），以及“创意构建块”（如画笔、矢量、纹理等），来补充Adobe创作者熟悉和喜爱的创意工具。

对于Firefly来说，未来的愿景是让创作者能够使用日常语言和其他输入来快速测试设计变化、消除照片中的干扰、向插图添加元素、改变视频的氛围、为3D对象添加纹理、创建数字体验等，然后使用Firefly和其他Creative Cloud工具的组合，无缝地自定义和编辑其内容。

3. AI艺术生成器如何工作

作为一种生成式人工智能技术，AI艺术生成器的工作方式与其他类型的人工智能类似，后者使用机器学习模型和大型数据集来产生特定类型的结果。借助生成式AI，任何人都可以使用日常语言和其他输入来生成图像、视频、文档、数字体验等内容。

4. Adobe采取哪些措施来确保以负责任的方式创建AI生成的图像

通过内容真实性计划（Content Authenticity Initiative，CAI），Adobe正在为负责任地生成AI设定行业标准。CAI目前拥有900多名成员，正在引领围绕数字内容归属的对话。CAI提供免费的、公开可用的开源工具，并通过非营利性内容来源和真实性联盟（The Coalition for Content Provenance and Authenticity，C2PA）与领先的技术组织合作制定广泛采用的技术标准。Firefly将自动在嵌入式内容凭据中附加标签，使AI生成的艺术和内容与没有生成AI的作品轻松区分。

5. Firefly从哪里获取数据

当前的Firefly生成式AI模型是在Adobe Stock的数据集以及版权已过期的开放许可作品和公共领域内容上进行训练的。随着Firefly的发展，Adobe正在探索方法，让创作者能够使用自己的资产训练机器学习模型，以便他们可以生成与其独特风格、品牌和设计语言相匹配的内容，而不受其他创作者内容的影响。Adobe将继续倾听创意社区的意见，并与创意社区合作，以解决Firefly训练模型的未来发展问题。

6. 能否将Firefly生成的输出内容用于商业用途

一般而言，通过生成式AI功能生成的输出内容可用于商业用途。然而，如果Adobe在产品或其他地方指定Beta版生成式AI功能不能用于商业用途，则使用Beta功能生成的输出仅供个人使用，不能用于商业用途。

7. 如何通过Firefly获得最佳结果

结果取决于提示。提示在指导AI行为、影响其响应质量和相关性方面起着关键作用。编写描述性提示要生成非凡且生动的图像。

8. 不想访问Firefly或应用程序中由Firefly支持的工作流程，是否可以将其关掉

如果计划中包含Firefly权限，则无法将其关闭。可以选择不使用应用程序中由Firefly支持的工作流程，也可以选择不登录Firefly Web应用程序。

9. 为什么下载的图像上会有水印

如果是免费用户，在下载或导出使用Firefly创建的内容时，这些内容将会附带水印。带水印的内容仍可用于商业用途。

10. 提交到Firefly图库意味着什么

提交到图库即表示用户允许官方在营销材料、灵感和图库页面中使用用户生成的图

像和提示（但不允许使用用户姓名），以便其他人可以使用相同的提示生成内容。官方的设计团队将审核并策划内容，不应将商业个人资料（包括企业、团队或教育账户的最终用户）中的内容提交到图库。

11. 如何更改Firefly Web应用程序的语言

在Firefly Web应用程序中，点击右上角的【配置文件】图标，然后选择首选项。从下拉菜单中选择首选语言，然后确认以应用更改的设置。

Adobe Firefly 萤火虫

AI绘画快速创意设计

第2章

利用文字生成指定图像

本章介绍如何利用文字生成指定图像。作为Firefly中最为常用的功能之一，本章重点讲解以下内容：“热门”效果的应用、“动作”效果的应用、“概念”效果的应用、“匹配”功能的应用、“纵横比”尺寸的应用等。在这些功能模块中，都提供了相应[illegible]讲解。通过学习本章的内容，读者可以掌握大部分利用文字生成指定图像的技能。

要点索引

- 学习“热门”效果的应用
- 学会“动作”效果的应用
- 掌握“概念”效果的应用
- 了解“匹配”功能的应用
- 学会“纵横比”尺寸的应用

2.1 “热门”效果的应用

2.1.1 实例——指定关键词生成梦幻风格的图像

实例解析

梦幻风格是指以多种细腻的颜色勾勒出的梦幻氛围的风格，比单纯的美感更令人沉醉其中。此类图像通常以光与影的交织呈现出一种虚无缥缈的视觉感受。梦幻风格的图像蕴含了美好的情感，或是对美好生活的追求与渴望，是人们美好情感的寄托。梦幻风格的图像效果如图2.1所示。

图2.1 梦幻风格的图像效果

操作步骤

01 在Adobe Firefly主页中单击【文字生成图像】区域右下角的【生成】按钮。

02 在底部的【提示】文本框中输入“童话般的美丽花园”。完成之后单击【生成】按钮，如图2.2所示。

图2.2 输入文字

输入的文字信息量太大、字数太多将会导致生成时间延长。

03 在生成的页面中左侧的【纵横比】下拉菜单中选择【宽屏（16:9）】，如图2.3所示。

04 在【效果】中选择【超现实主义】，如图2.4所示。

纵横比

宽屏 (16:9)

图2.3 设置纵横比

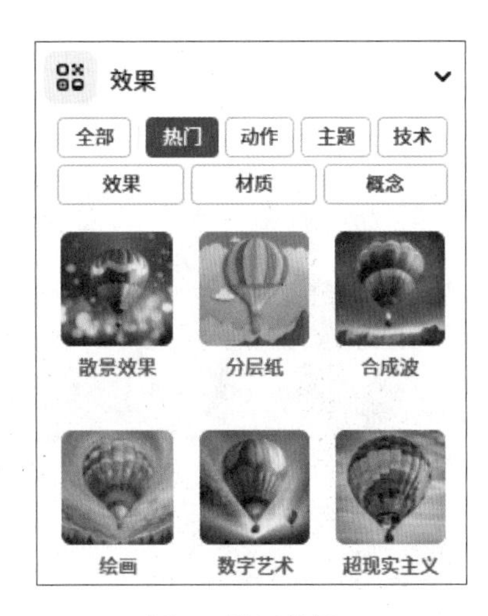

图2.4 设置效果

05 完成之后单击底部的【生成】按钮，再单击左下角的图像即可看到生成的美丽童话花园图像效果，通过左右切换可以看到不同的效果，最终生成效果如图2.5所示。

图2.5 最终生成效果

2.1.2 实例——利用散景制作雨夜氛围感的图像

实例解析

氛围感的图像强调图像的整体基调，通过画面中的部分元素传达整体气氛。观者可

以通过静态元素感受到图像所传递的信息。氛围感的图像通常与自然界的元素相联系，如水、火、雨、雪等。氛围感的图像效果如图2.6所示。

图2.6 氛围感的图像效果

操作步骤

01 在Adobe Firefly主页中单击【文字生成图像】区域右下角的【生成】按钮。

02 在底部的【提示】文本框中输入“氛围感雨中街头夜景”，完成之后单击【生成】按钮，如图2.7所示。

图2.7 输入文字

03 在生成的页面中左侧的【纵横比】下拉菜单中选择【宽屏（16:9）】，如图2.8所示。

04 在【内容类型】中选择【照片】，如图2.9所示。

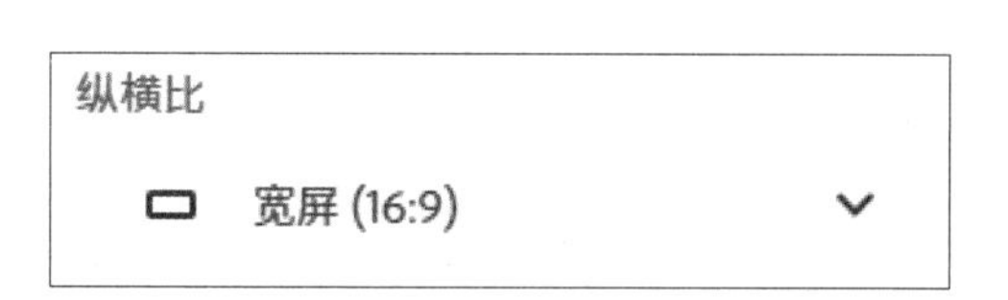

图2.8 设置纵横比

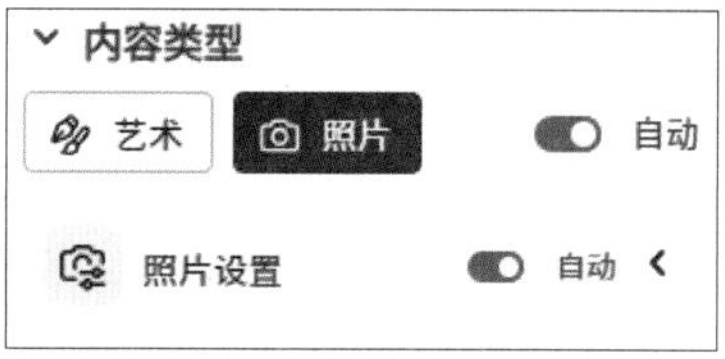

内容类型
艺术
照片
自动
照片设置
自动

图2.9 设置内容类型

05 在【效果】选项中单击【散景效果】，如图2.10所示。

06 在【颜色和色调】中选择【冷色调】，如图2.11所示。

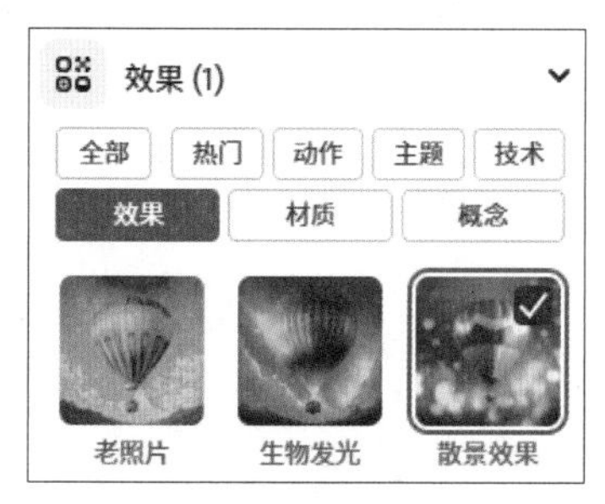

图2.10 选择效果

图2.11 选择色调

07 在【相机角度】选项中选择【景观摄影】，如图2.12所示。

图2.12 更改相机角度

08 设置完成之后，单击左侧预览图像底部的【生成】按钮，再单击生成的图像，即可看到生成的图像效果，最终效果如图2.13所示。

图2.13 最终效果

2.1.3 实例——妙用淡雅色调制作小清新风格的图像

实例解析

小清新色调最初源自摄影领域，其拍摄出来的照片构图非常简单，略微过曝，给人心理上的治愈感受。这种风格的图像多以暖色调为主，色彩感较轻。正是因为其色彩简单，这种风格令人感到舒适且简单美好。它往往带给人一种舒适愉悦的心情体验。另一方面，小清新风格的图像也代表着青春与活力。小清新风格的图像效果如图2.14所示。

图2.14 小清新风格的图像效果

操作步骤

01 在Adobe Firefly主页中单击【文字生成图像】区域右下角的【生成】按钮，进入【文字生成图像】生成页面。

02 在底部的【提示】文本框中输入“在清新的画面中有一只可爱小猫”，完成之后单击【生成】按钮，如图2.15所示。

03 在生成的页面中左侧的【纵横比】下拉菜单中选择【宽屏（16:9）】，如图2.16所示。

04 在【效果】中选择【超现实主义】，如图2.17所示。

图2.15 输入文字

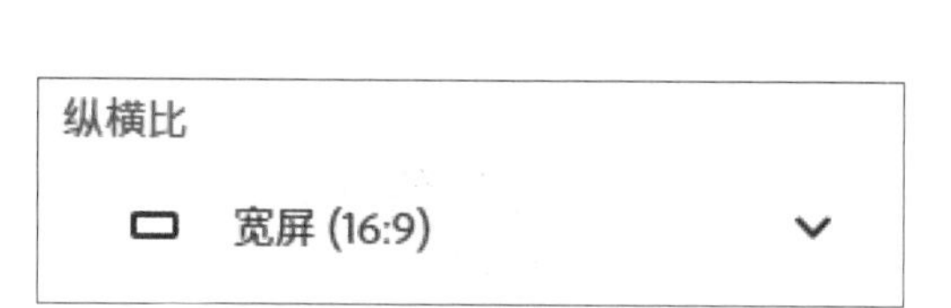

图2.16 设置纵横比

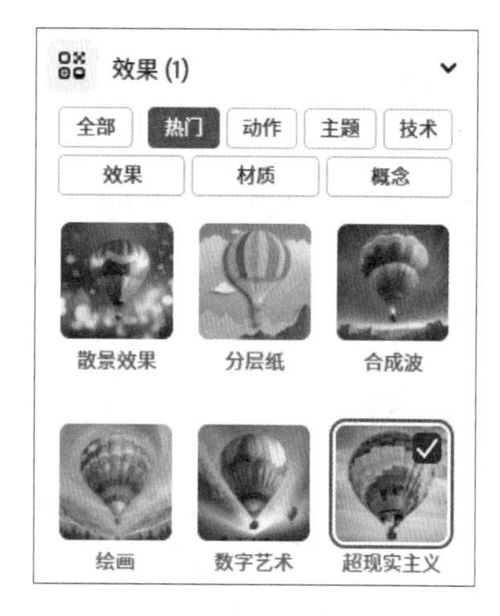

图2.17 设置效果

05 在【颜色和色调】中选择【淡雅颜色】，如图2.18所示。

图2.18 选择颜色和色调

06 选择完成之后，在左侧预览图像底部单击【生成】按钮，再单击上方某个图像即可看到最终生成效果，这样就完成了清新图像效果制作，最终效果如图2.19所示。

图2.19 最终效果

2.1.4 实例——利用绘画效果制作艺术画

实例解析

绘画是一门富有创造性和表达力的艺术形式，通过运用各种视觉元素在平面或立体的载体上传达思想、情感和审美。艺术画的形式多种多样，包括绘画的载体、风格和主题，比如壁画、水彩画、油画、素描、漫画等。不同的绘画形式代表着不同的艺术内涵。透过这种艺术内涵，我们可以很好地感受艺术画带给我们的思考。艺术画的图像效果如图2.20所示。

图2.20 艺术画的图像效果

操作步骤

01 在Adobe Firefly主页中单击【文字生成图像】区域右下角的【生成】按钮，进入【文字生成图像】生成页面。

02 在底部的【提示】文本框中输入“一位抽烟的老人坐在树下的公园长椅上看向远方，金色的叶子飘落在他的周围。”，完成之后单击【生成】按钮，如图2.21所示。

图2.21 输入文字

03 在生成的页面中左侧的【纵横比】下拉选菜单中选择【宽屏（16:9）】，如图2.22所示。

04 在【效果】中的【热门】分类中选择【绘画】，如图2.23所示。

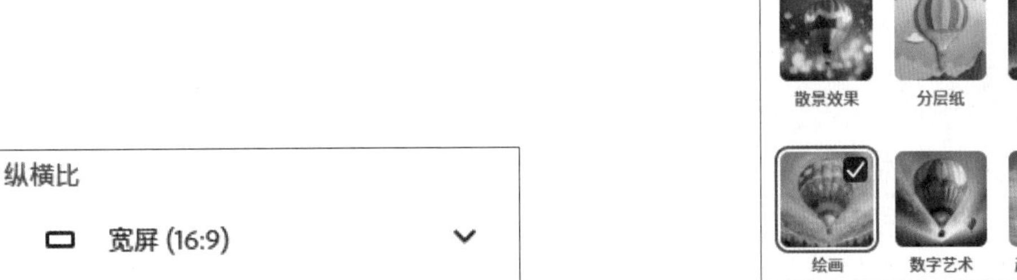

图2.22 设置纵横比

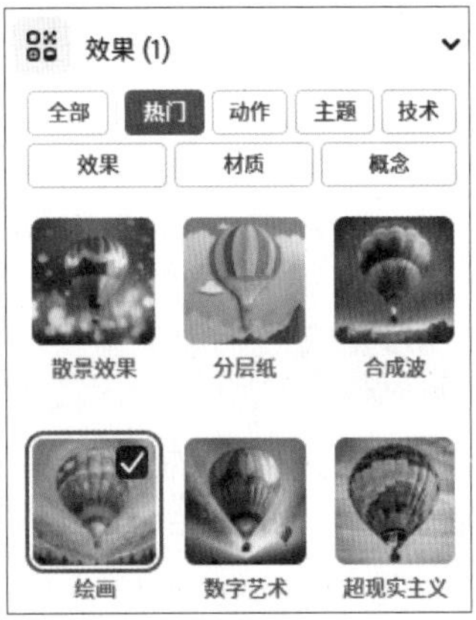

图2.23 设置效果

05 在【颜色和色调】中选择【暖色调】，如图2.24所示。

图2.24 选择颜色和色调

06 选择完成之后，在左侧预览图像底部单击【生成】按钮，再单击上方的某个图像，即可看到最终的生成效果。这样就完成了清新图像效果的制作，最终效果如图2.25所示。

图2.25 最终效果

2.2 “动作”效果的应用

2.2.1 实例——输入指定文字生成科幻风格的图像

实例解析

科幻是科学幻想的简称，具体是指在有限的科学假设与人类可知信息的最大范围冲突的情况下，虚构可能发生的事件。科幻已发展成为一种文化和风格，而科幻文化则是由科幻作品演变而来的新文化。科幻风格通常具有十分前卫的视觉效果。科幻风格的图像效果如图2.26所示。

图2.26 科幻风格的图像效果

操作步骤

01 在Adobe Firefly主页中单击【文字生成图像】区域右下角的【生成】按钮，进入【文字生成图像】页面。

02 在底部的【提示】文本框中输入“电影里的太空科幻图像，画面中有一艘宇宙飞船，太阳光十分刺眼。”，完成之后单击【生成】按钮，如图2.27所示。

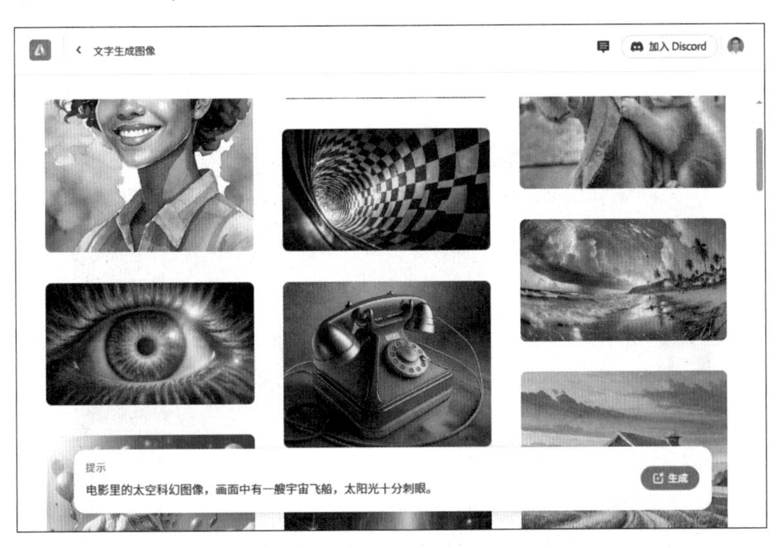

图2.27 输入文字

提示 Point out 在输入文字时有无标点符号都不会对生成效果产生影响。

03 在生成的页面中左侧的【纵横比】下拉菜单中选择【宽屏（16:9）】，如图2.28所示。

04 在【内容类型】中选择【照片】，如图2.29所示。

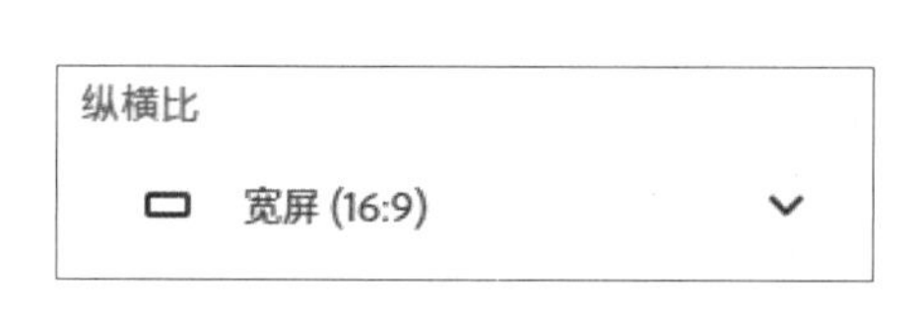

图2.28 设置纵横比

图2.29 设置内容类型

05 在【效果】中选择【动作】分类中的【科幻】，如图2.30所示。

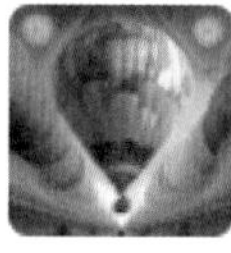

图2.30 选择效果

06 在【颜色和色调】中选择【冷色调】，如图2.31所示。

图2.31 选择色调

07 通过单击左侧预览区域中的图像可以选择自己想要的图像效果，最终效果如图2.32所示。

图2.32 最终效果

2.2.2 实例——利用关键词生成蒸汽朋克风格的照片

实例解析

蒸汽朋克是一个合成词，由蒸汽（steam）和朋克（punk）两个词组成。其中，蒸汽指以蒸汽机作为动力的大型机械，而朋克则是一种非主流的边缘文化。当这两者相结合时，便构建了一个与19世纪实际存在的西方世界相似但略有不同的虚构世界观。这种文化融合了对传统机械的复杂描绘和对现代技术的幻想，创造出一种独特的艺术美感。蒸汽朋友风格的图像效果如图2.33所示。

图2.33 蒸汽朋克风格的图像效果

操作步骤

01 在Adobe Firefly主页中单击【文字生成图像】区域右下角的【生成】按钮，进入【文字生成图像】页面。

02 在底部的【提示】文本框中输入“一列黑色大型火车头以蒸汽动力透露着复古美学，蒸汽弥漫在铁路的周围，旁边有个科幻机器人”。完成之后单击【生成】按钮，如图2.34所示。

图2.34 输入文字

03 在生成的页面中左侧的【纵横比】下拉菜单中选择【宽屏（16:9）】，如图2.35所示。

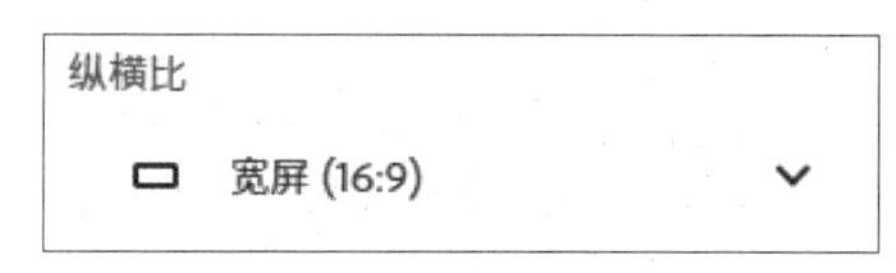

图2.35 设置纵横比

04 在【效果】中选择【动作】分类中的【蒸汽朋克】，如图2.36所示。

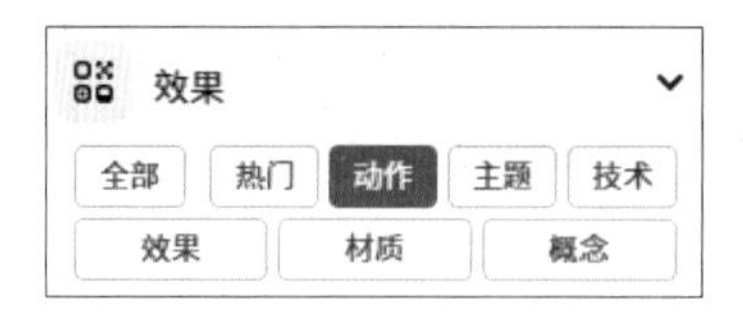

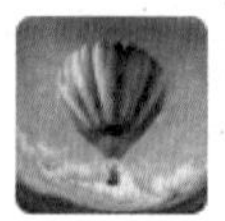

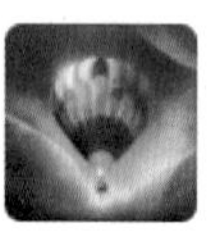

图2.36 选择效果

05 在【颜色和色调】中选择【暖色调】，如图2.37所示。

图2.37 选择色调

06 选择完成之后，单击预览区底部的【生成】按钮，即可看到生成的效果，最终效果如图2.38所示。

图2.38 最终效果

2.2.3 实例——输入关键词生成赛博朋克风格的照片

实例解析

赛博朋克一词从字面上理解是对"高度机械文明"的反思，其背景大多描绘在未来。从文学向电影、游戏等媒介的延伸中，催生了赛博朋克文化。同时，它还演变为一种视觉美学风格，被运用到日常生活的众多领域中，比如街头的霓虹灯、街边标志性广告以及高楼建筑等。通常，赛博朋克风格的色彩以黑、紫、绿、蓝、红为主。赛博朋克风格的图像效果如图2.39所示。

图2.39 赛博朋克风格的图像效果

操作步骤

01 在Adobe Firefly主页中单击【文字生成图像】区域右下角的【生成】按钮，进入【文字生成图像】页面。

02 在底部的【提示】文本框中输入“街头的霓虹灯、街排标志性广告以及高楼建筑，透露着围绕黑客、人工智能及大型企业之间的矛盾，蓝紫色调”。完成之后单击【生成】按钮，如图2.40所示。

图2.40 输入文字

03 在生成的页面中左侧的【纵横比】下拉菜单中选择【宽屏（16:9）】，如图2.41所示。

04 在【内容类型】中选择【照片】，如图2.42所示。

图2.41 设置纵横比

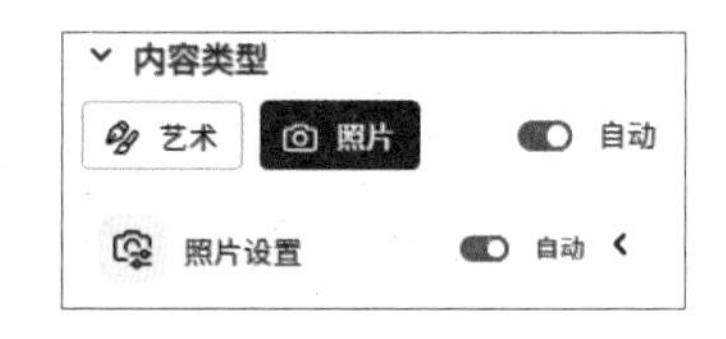

图2.42 选择内容类型

05 在【效果】中选择【动作】分类中的【赛博朋克】，如图2.43所示。

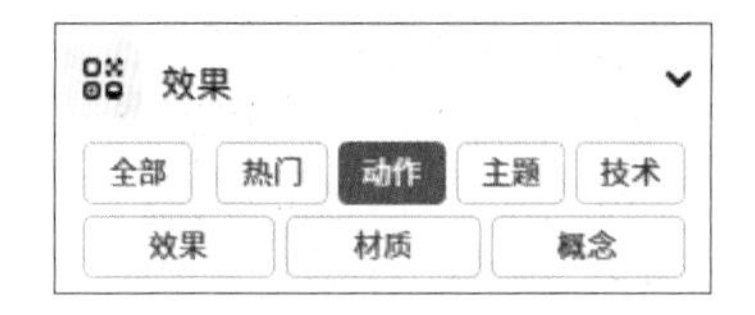

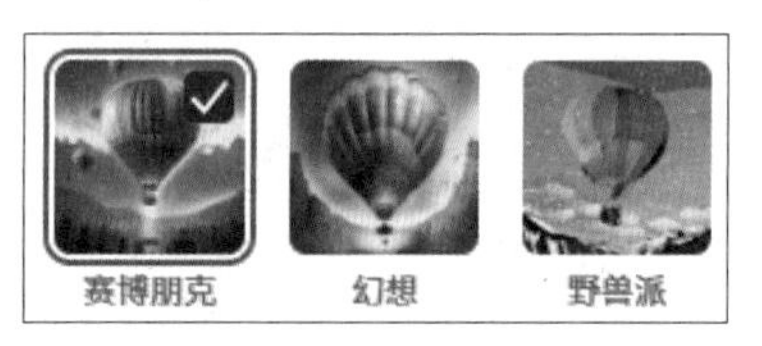

图2.43 选择效果

06 在【颜色和色调】中选择【冷色调】，如图2.44所示。

07 选择完成之后，单击预览区底部的【生成】按钮，即可看到生成的效果，最终效果如图2.45所示。

颜色和色调

冷色调

图2.44 选择色调

图2.45 最终效果

2.2.4 实例——利用文字生成艺术装饰图

实例解析

艺术装饰图与艺术画比较相似，它们之间最大的区别在于艺术装饰图主要用于装饰，而不会过分突出艺术性。装饰图能够为平淡的视觉空间增添视觉特色，同时也具有艺术化的色彩。艺术装饰图的图像效果如图2.46所示。

图2.46 艺术装饰图的图像效果

操作步骤

01 在Adobe Firefly主页中单击【文字生成图像】区域右下角的【生成】按钮，进入【文字生成图像】页面。

02 在底部的【提示】文本框中输入“海岸边有几棵高大的椰树，阳光照射着沙滩，旁边有个海滩躺椅，躺椅上有个戴墨镜的美女。”。完成之后单击【生成】按钮，如图2.47所示。

图2.47 输入文字

03 在生成的页面中左侧的【纵横比】下拉菜单中选择【宽屏（16:9）】，如图2.48所示。

04 在【内容类型】中选择【艺术】，如图2.49所示。

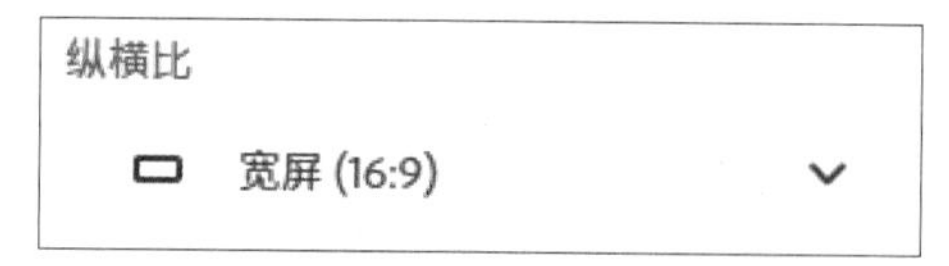

图2.48 设置纵横比

图2.49 选择内容类型

05 在【效果】中选择【动作】分类中的【艺术装饰】，如图2.50所示。

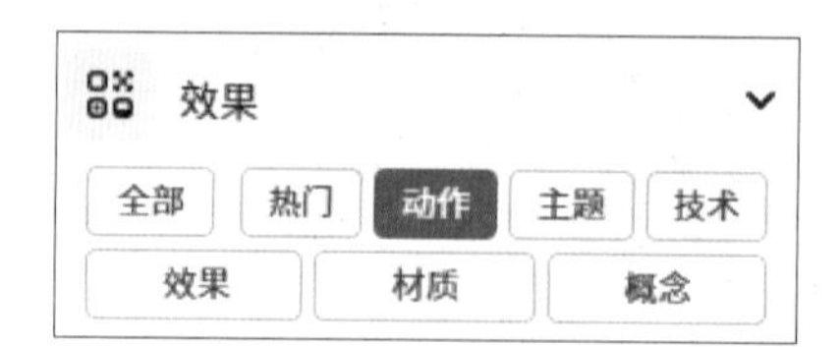

图2.50 选择效果

06 在【颜色和色调】中选择【冷色调】，如图2.51所示。

图2.51 选择色调

07 选择完成之后，单击预览区底部的【生成】按钮，即可看到生成的效果，单击4幅装饰图像，可以选择最符合结果的一张，最终图像效果如图2.52所示。

图2.52 最终效果

2.3 "概念"效果的应用

2.3.1 实例——生成波西米亚风格的图像

实例解析

波西米亚风格是一种融合多元化民族元素的风格，起源于19世纪的波西米亚艺术家和自由思想者，以其自由、非传统的特点而闻名。这种强调个性、艺术和自由表达的风格展现了强烈的自我意识。另一方面，波西米亚风格也与嬉皮亚文化密切相关，采用各种天然、大地色系以及嬉皮风格的图案，代表一种特定的生活方式和意识形态，对传统着装方式进行了替代，代表同样另类、更自由的生活方式，表达了反对物质主义和社会约束的立场。波西米亚风格的图像色彩通常呈现出较为温暖的视觉效果。波西米亚风格的图像效果如图2.53所示。

图2.53 波西米亚风格的图像效果

操作步骤

01 在Adobe Firefly主页中单击【文字生成图像】区域右下角的【生成】按钮，进入【文字生成图像】页面。

02 在底部的【提示】文本框中输入“一个穿着波西米亚风裙子，戴着帽子和墨镜的女模特坐在中欧农场的树旁，阳光很温暖”。完成之后单击【生成】按钮，如图2.54所示。

图2.54 输入文字

03 在生成的页面中左侧的【纵横比】下拉菜单中选择【宽屏（16:9）】，如图2.55所示。

04 在【内容类型】中选择【照片】，如图2.56所示。

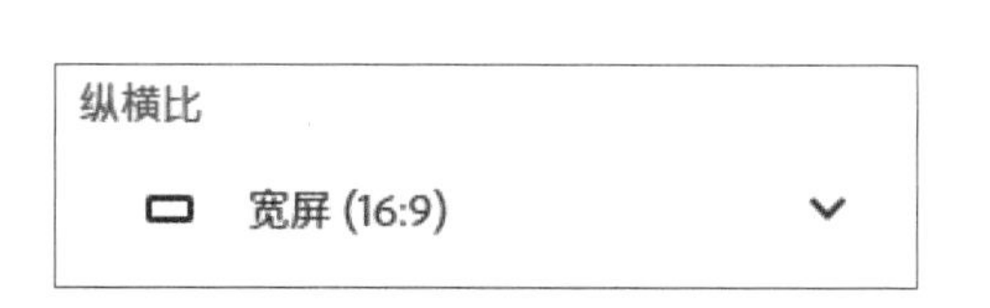

图2.55 设置纵横比

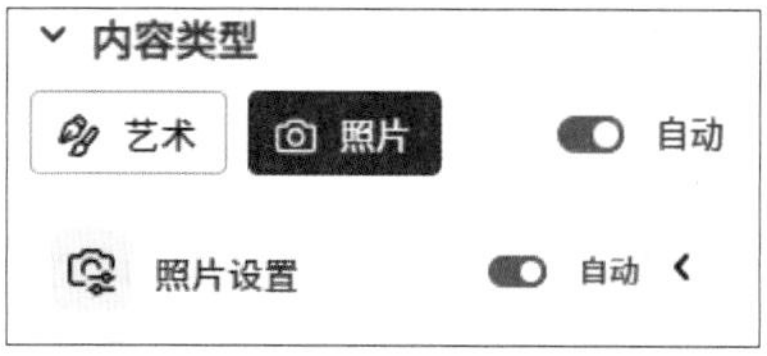

内容类型
艺术
照片
自动
照片设置
自动

图2.56 选择内容类型

05 在【效果】中选择【概念】分类中的【波希米亚风】，如图2.57所示。

06 在【颜色和色调】中选择【暖色调】，如图2.58所示。

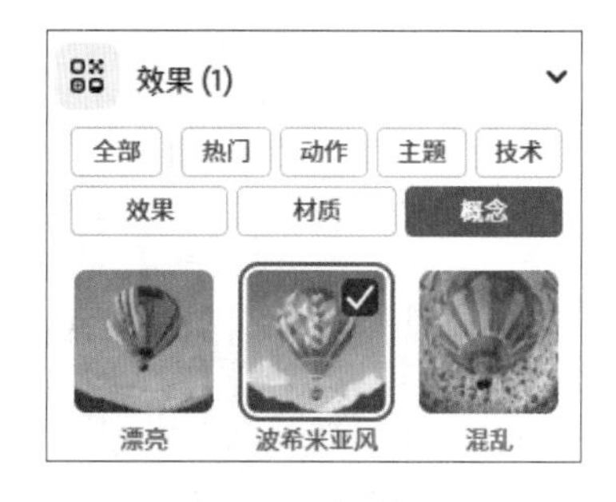

图2.57 选择效果

颜色和色调
暖色调

图2.58 选择颜色和色调

07 在【光照】中选择【逆光】，如图2.59所示。

08 选择完成之后，单击预览区底部的【生成】按钮，即可看到生成的效果，最终效果如图2.60所示。

图2.59 选择光照

图2.60 最终效果

2.3.2 实例——指定关键词生成未来派风格的图像

实例解析

未来派否定传统价值，认为人类的文化僵硬腐朽，与现代的精神格格不入，主张摒弃过去的艺术形式。未来派涵盖了几乎所有的艺术样式，包括绘画、雕塑、音乐，甚至烹饪领域也受其影响。未来派风格的图像呈现出一种超越现实的感觉，以前卫的视觉呈现出未来世界的模样。未来派风格的图像效果如图2.61所示。

图2.61 未来派风格的图像效果

操作步骤

01 在Adobe Firefly主页中单击【文字生成图像】区域右下角的【生成】按钮，进入【文字生成图像】页面。

02 在底部的【提示】文本框中输入“质感很强的超巨型机器人走在未来城市街道上，未来汽车停放在路边，天空中飞行的UFO，夜晚的灯光十分刺眼”。完成之后单击【生成】按钮，如图2.62所示。

图2.62 输入文字

03 在生成的页面中左侧的【纵横比】下拉菜单中选择【宽屏（16:9）】，如图2.63所示。

04 在【内容类型】中选择【照片】，如图2.64所示。

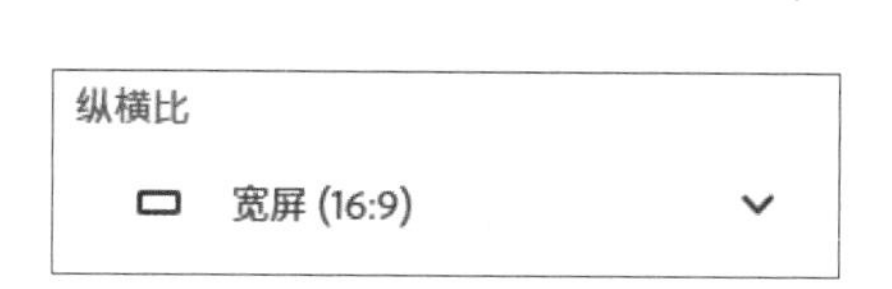

图2.63 设置纵横比

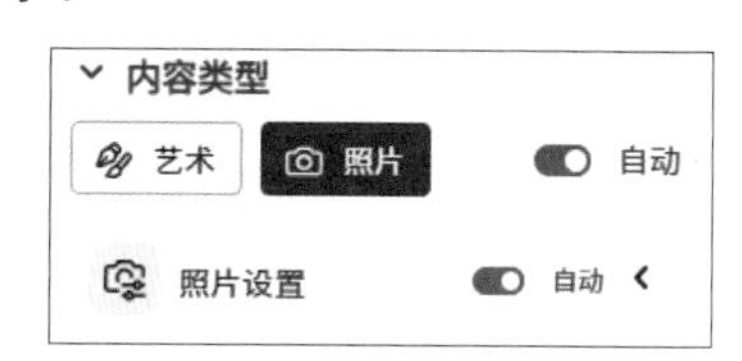

图2.64 选择内容类型

05 在【效果】中选择【概念】分类中的【未来派】，如图2.65所示。

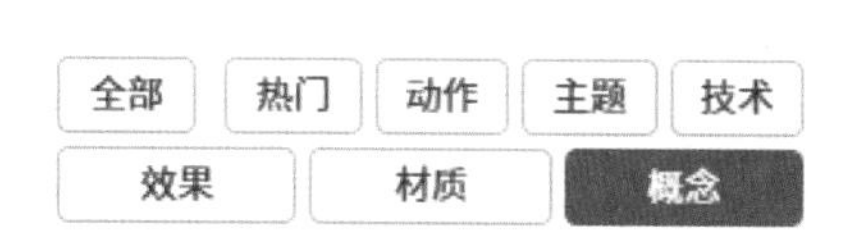

图2.65 选择效果

06 在【颜色和色调】中选择【冷色调】，如图2.66所示。

07 选择完成之后，单击预览区底部的【生成】按钮，即可生成图像，单击预览图像即可看到生成的图像效果，最终效果如图2.67所示。

图2.66 选择颜色和色调

图2.67 最终效果

2.3.3 实例——制作怀旧氛围的图像

实例解析

随着时代的不断发展和科技的进步，社会生活节奏的加快，一股复古风潮席卷而来，将人们带回到过去的岁月。复古风格通过传统元素和怀旧氛围，为人们呈现出一种时光倒退的视觉感受。在色彩方面，复古风格常常运用暖色调和柔和的中性色，如米黄色、暗红色、古铜色等，这些色彩能够营造出宁静、温暖的氛围，让人放松身心。怀旧氛围的图像效果如图2.68所示。

图2.68 怀旧氛围的图像效果

操作步骤

01 在Adobe Firefly主页中单击【文字生成图像】区域右下角的【生成】按钮，进入【文字生成图像】页面。

02 在底部的【提示】文本框中输入“一对手牵手的老夫妇走在乡间小路上，夕阳西下，路边一只小狗在跟着他们。”。完成之后单击【生成】按钮，如图2.69所示。

图2.69 输入文字

03 在生成的页面中左侧的【纵横比】下拉菜单中选择【宽屏（16:9）】，如图2.70所示。

04 在【内容类型】中选择【照片】，如图2.71所示。

图2.70 设置纵横比

图2.71 选择内容类型

05 在【效果】中选择【概念】分类中的【怀旧】，如图2.72所示。

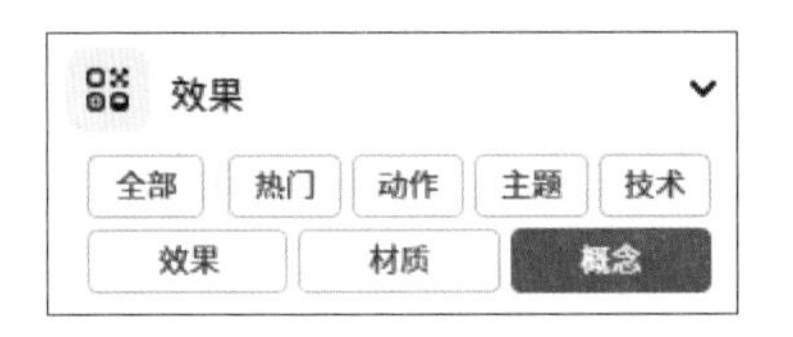

图2.72 选择效果

06 在【颜色和色调】中选择【素雅颜色】，如图2.73所示。

图2.73 选择颜色和色调

07 选择完成之后，单击预览区底部的【生成】按钮，即可生成图像，单击预览图像即可看到生成的图像效果，最终效果如图2.74所示。

图2.74 最终效果

2.3.4 实例——打造时空感的图像

实例解析

所谓的时空感，是指空间感和时间感的综合体。通过时间与空间的交叉，使人们找到属于自我的存在方式。时空感的存在感不强，通常它以描述未来或即将发生的事件为主，类似于未来派。时空感的图像同样倾向于脱离现实，表现出强烈的自我独立意识。时空感的图像效果如图2.75所示。

图2.75 时空感的图像效果

操作步骤

01 在Adobe Firefly主页中单击【文字生成图像】区域右下角的【生成】按钮，进入【文字生成图像】页面。

02 在底部的【提示】文本框中输入“一辆行驶在中国西部地区的越野车，夕阳西下，天空阴暗低沉。”。完成之后单击【生成】按钮，如图2.76所示。

图2.76 输入文字

03 在生成的页面中左侧的【纵横比】下拉菜单中选择【宽屏（16:9）】，如图2.77所示。

04 在【内容类型】中选择【照片】，如图2.78所示。

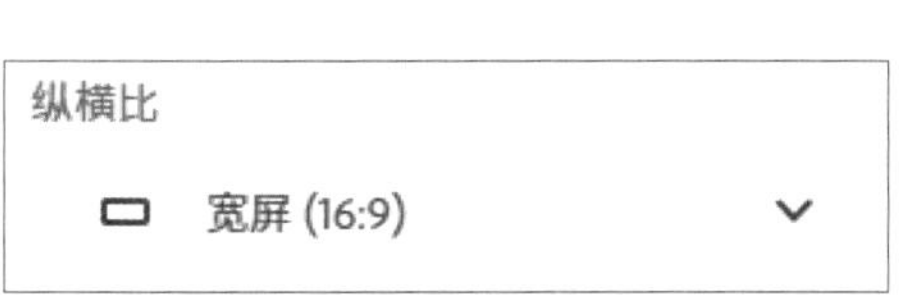

图2.77 设置纵横比

图2.78 选择内容类型

05 在【效果】中选择【概念】分类中的【未来派】，如图2.79所示。

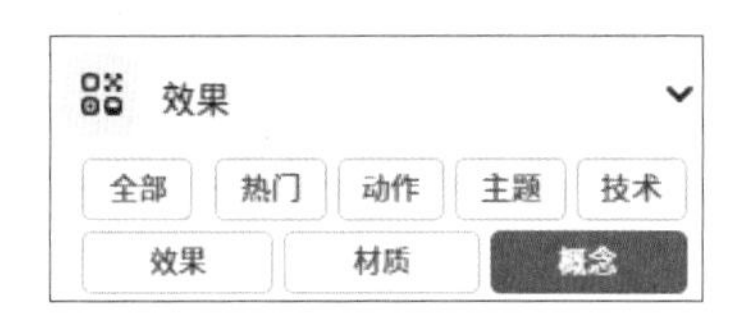

图2.79 选择效果

06 在【光照】中选择【刺眼的光线】，如图2.80所示。

图2.80 选择颜色和色调

07 选择完成之后，单击预览区底部的【生成】按钮，即可生成图像，单击预览图像即可看到生成的图像效果，最终效果如图2.81所示。

图2.81 最终效果

2.4 “匹配”功能的应用

2.4.1 实例——打造北欧风极光摄影图

实例解析

北欧通常是指欧洲北部的5个主权国家，包括挪威、丹麦、瑞典、芬兰和冰岛。这些国家位于靠近北极圈的地区，自然资源相对匮乏，土地比较贫瘠，但其自然风光却具有一种独特的苍凉美。北欧风格起源于斯堪的纳维亚地区的设计风格，因此也被称为“斯堪的纳维亚风格”。它以简约、自然和人性化的特点，强调简约、整洁，通过简单的画面或者文字呈现出鲜明的主题，北欧极光风格的图像效果如图2.82所示。

图2.82 北欧极光风格的图像效果

操作步骤

01 在Adobe Firefly主页中单击【文字生成图像】区域右下角的【生成】按钮，进入【文字生成图像】生成页面。

02 在底部的【提示】文本框中输入“在北欧的冬季，漂亮的极光倒影在河面，河边有个小木屋。”。完成之后单击【生成】按钮，如图2.83所示。

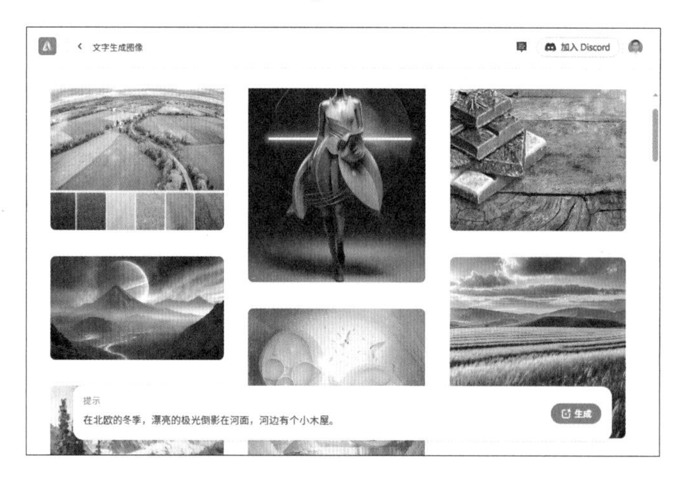

图2.83 输入文字

03 在生成的页面中左侧的【纵横比】下拉菜单中选择【宽屏（16:9）】，如图2.84所示。

04 在【内容类型】中选择【照片】，如图2.85所示。

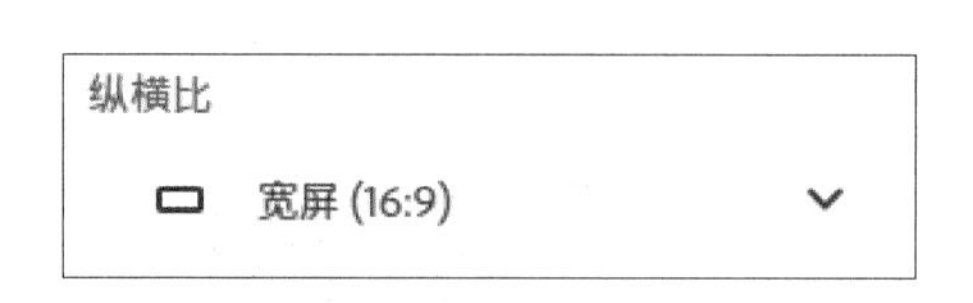

图2.84 设置纵横比

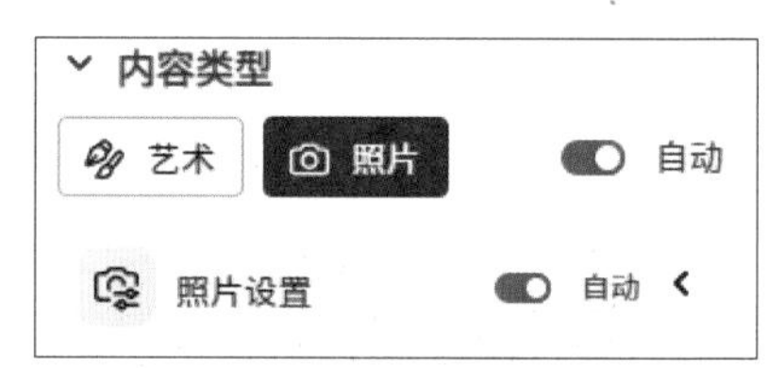

图2.85 选择内容类型

05 选择完成之后，单击预览区底部的【生成】按钮，即可生成图像，单击预览图像即可看到生成的图像效果，最终效果如图2.86所示。

图2.86 最终效果

2.4.2 实例——制作漂亮的国风油画的图像

实例解析

油画是指用干的油调配的颜料绘制的绘画作品。油画在欧洲文艺复兴后开始兴盛，并迅速传播到各地。传统的油画使用亚麻籽油调与颜料（称为油彩）混合制作。画家在经过处理的布或板上作画，因为油画颜料在干燥后不会变色，多种颜色的混合也不会使画面显得肮脏。画家可以画出丰富、逼真的色彩。油画颜料具有不透明性和较强的覆盖力，因此在绘画时可以由深到浅，逐层覆盖，使绘画产生立体感。油画适合创作大型、史诗般的巨作。油画的图像效果如图2.87所示。

图2.87 油画的图像效果

操作步骤

01 在Adobe Firefly主页中单击【文字生成图像】区域右下角的【生成】按钮，进入【文字生成图像】页面。

02 在底部的【提示】文本框中输入“一幅美丽的中国画，画面中是冬日的腊梅。”。完成之后单击【生成】按钮，如图2.88所示。

图2.88 输入文字

03 在生成的页面中左侧的【纵横比】下拉菜单中选择【宽屏（16:9）】，如图2.89所示。

04 在【内容类型】中选择【艺术】，如图2.90所示。

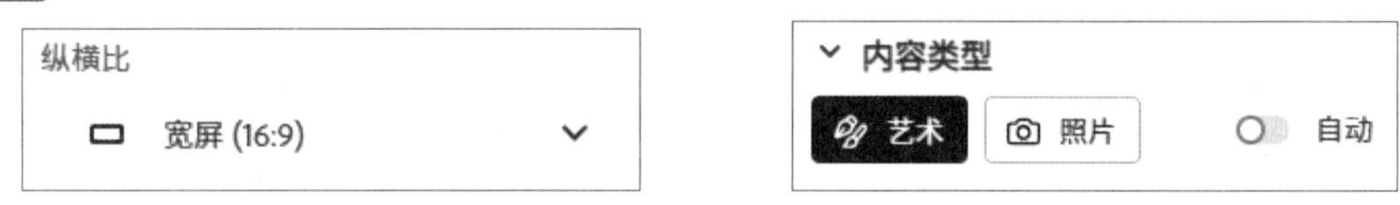

图2.89 设置纵横比

图2.90 选择内容类型

05 选择完成之后，单击预览区底部的【生成】按钮，即可生成图像，单击预览图像即可看到生成的图像效果，最终效果如图2.91所示。

图2.91 最终效果

2.4.3 实例——打造漂亮的C4D图像

实例解析

C4D全称为Cinema 4D，是一款三维绘图软件。C4D以其高速运算和强大的渲染功能而著称。在广告、电影、工业设计等领域都广泛应用Cinema 4D，并在近年来成为许多优秀艺术家和电影公司的首选工具。它创造了独特的三维视效效果，增强了视觉设计的张力，在电商和平面设计领域也得到了广泛运用。C4D的图像效果如图2.92所示。

图2.92 C4D的图像效果

操作步骤

01 在Adobe Firefly主页中单击【文字生成图像】区域右下角的【生成】按钮，进入【文字生成图像】页面。

02 在底部的【提示】文本框中输入“在彩色空间里，几个叠加的正方体，漂亮的灯带，球体。”。完成之后单击【生成】按钮，如图2.93所示。

图2.93 输入文字

03 在生成的页面中左侧的【纵横比】下拉菜单中选择【宽屏（16:9）】，如图2.94所示。

04 在【内容类型】中选择【照片】，如图2.95所示。

图2.94 设置纵横比

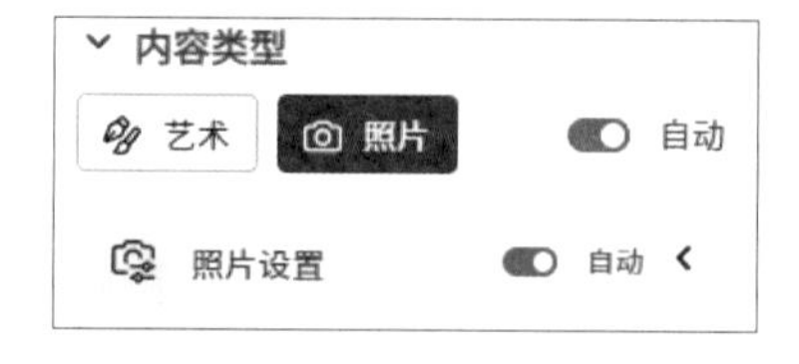

图2.95 选择内容类型

05 选择完成之后，单击预览区底部的【生成】按钮，即可生成图像，单击预览图像即可看到生成的图像效果，最终效果如图2.96所示。

图2.96 最终效果

2.5 “纵横比”尺寸的应用

2.5.1 实例——制作教堂风景的图像

实例解析

教堂风景图像通常采用纵向构图，以展现其垂直高度。虽然横向构图也可能存在，但由于单体教堂建筑的特点，往往难以完整呈现。教堂建筑通常高大提拔，高度远大于其宽度，因此纵向构图更能突出其特点。代表性的教堂图像效果如图2.97所示。

图2.97 教堂图像效果

操作步骤

01 在Adobe Firefly主页中单击【文字生成图像】区域右下角的【生成】按钮，进入【文字生成图像】页面。

02 在底部的【提示】文本框中输入“广场上有一座高大的教堂建筑，有一些鸽子在飞，游客在拍照或者行走。”。完成之后单击【生成】按钮，如图2.98所示。

图2.98 输入文字

03 在生成的页面中左侧的【纵横比】下拉菜单中选择【纵向（3:4）】，如图2.99所示。

04 在【内容类型】中选择【照片】，如图2.100所示。

图2.99 设置纵横比

图2.100 选择内容类型

05 在【光照】中选择【刺眼的光线】，如图2.101所示。

图2.101 选择颜色和色调

06 选择完成之后，单击预览区底部的【生成】按钮，即可生成图像，单击预览图像即可看到生成的图像效果，最终效果如图2.102所示。

图2.102 最终效果

2.5.2 实例——打造等比例手绘风格的头像

实例解析

等比例头像是指长度和宽度相同的图像，这种构图形式常用于头像应用。其长宽等比例相等，使得在社交媒体等平台上的显示更为直观。等比例手绘风格的头像效果如图2.103所示。

图2.103 等比例手绘风格的头像效果

操作步骤

01 在Adobe Firefly主页中单击【文字生成图像】区域右下角的【生成】按钮，进入【文字生成图像】页面。

02 在底部的【提示】文本框中输入“一个可爱的小兔头像”。完成之后单击【生成】按钮，如图2.104所示。

图2.104 输入文字

03 在生成的页面中左侧的【纵横比】下拉菜单中选择【正方形（1:1）】，如图2.105所示。

04 在【内容类型】中选择【艺术】，如图2.106所示。

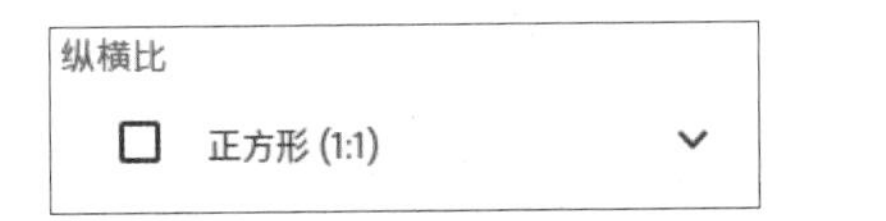

图2.105 设置纵横比

图2.106 选择内容类型

05 选择完成之后，单击预览区底部的【生成】按钮，即可生成图像，单击预览图像即可看到生成的图像效果，最终效果如图2.107所示。

图2.107 最终效果

2.6 “内容类型”的应用

2.6.1 实例——制作写实风格的厨房场景照片

实例解析

从实例名称可以看出，写实风格注重的是写实，以真实的风格反映出画面的特征。

在内容类型中，可以选择照片或者艺术品的呈现风格，而写实风格则是照片类型的完美体现。写实风格的图像效果如图2.108所示。

图2.108 写实风格的图像效果

操作步骤

01 在Adobe Firefly主页中单击【文字生成图像】区域右下角的【生成】按钮，进入【文字生成图像】页面。

02 在底部的【提示】文本框中输入“一个不露脸的厨师在厨房里面制作比萨，温暖的灯光。”。完成之后单击【生成】按钮，如图2.109所示。

图2.109 输入文字

03 在生成的页面中左侧的【纵横比】下拉菜单中选择【宽屏（16:9）】，如图2.110所示。

04 在【内容类型】中选择【照片】，如图2.111所示。

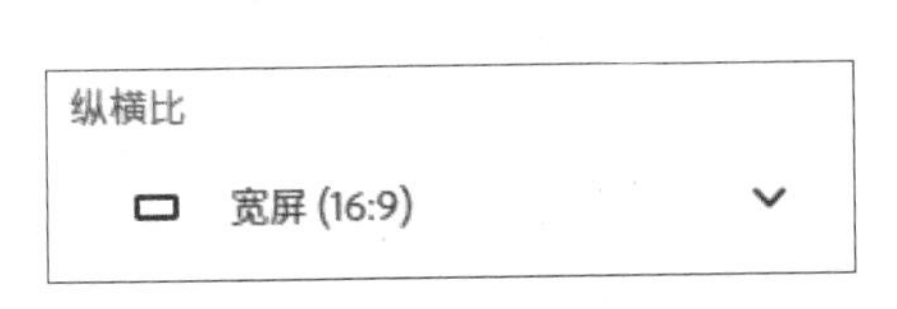

图2.110 设置纵横比

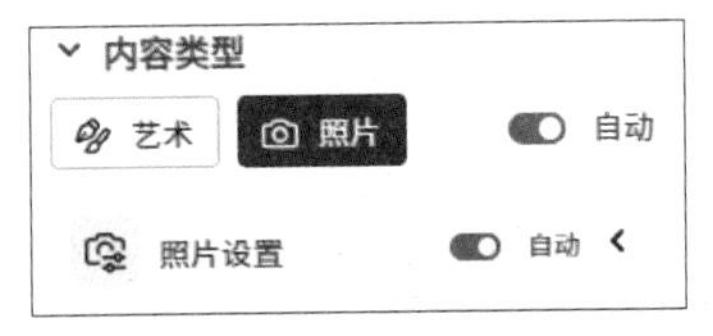

图2.111 选择内容类型

05 选择完成之后，单击预览区底部的【生成】按钮，即可生成图像，单击预览图像即可看到生成的图像效果，最终效果如图2.112所示。

图2.112 最终效果

2.6.2 实例——制作艺术动物照片

实例解析

与写实图像相比，艺术类图像具有十分明显的视觉特征。艺术化图像的视觉效果通常更为柔和，偏向于艺术化的感受。几乎所有的对象都能以艺术化的形式呈现。艺术类图像的效果如图2.113所示。

图2.113　艺术类图像效果

操作步骤

01 在Adobe Firefly主页中单击【文字生成图像】区域右下角的【生成】按钮，进入【文字生成图像】页面。

02 在底部的【提示】文本框中输入"一个可爱小狗在草地上奔跑，周围有一些蝴蝶，阳光很温暖。"，完成之后单击【生成】按钮，如图2.114所示。

图2.114　输入文字

03 在生成的页面中左侧的【纵横比】下拉菜单中选择【宽屏（16:9）】，如图2.115所示。

04 在【内容类型】中选择【艺术】，如图2.116所示。

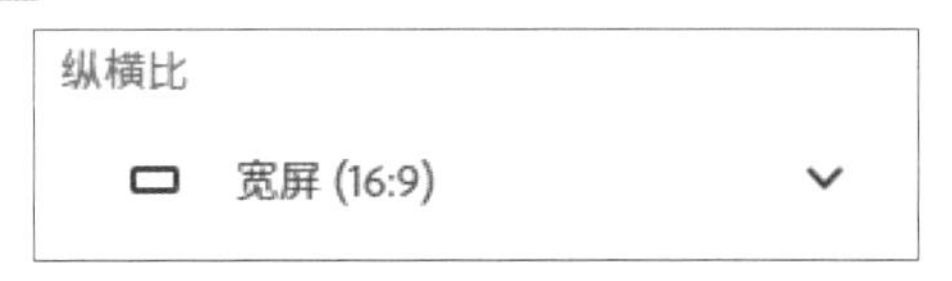

图2.115 设置纵横比

图2.116 选择内容类型

05 选择完成之后，单击预览区底部的【生成】按钮，即可生成图像，单击预览图像即可看到生成的图像效果，最终效果如图2.117所示。

图2.117 最终效果

2.7 “视觉强度”的应用

2.7.1 实例——打造简单的水果图像

实例解析

简单的图像效果与视觉强度之间存在直接的关联。在Firefly中，通过调整视觉强度，可以生成简单的图像或者带有某些装饰元素的图像。生成简单图像的过程相对简单，只需直观输入简单简洁的文字信息，并适当调整视觉强度，即可生成对相应的图像。例如，简单的水果图像效果如图2.118所示。

图2.118 简单的水果图像效果

操作步骤

01 在Adobe Firefly主页中单击【文字生成图像】区域右下角的【生成】按钮，进入【文字生成图像】页面。

02 在底部的【提示】文本框中输入“一个被切开的芒果”，完成之后单击【生成】按钮，如图2.119所示。

图2.119 输入文字

03 在生成的页面中左侧的【纵横比】下拉菜单中选择【宽屏（16:9）】，如图2.120所示。

04 在【视觉强度】滑动控制按钮中，将其调至最左侧位置，如图2.121所示。

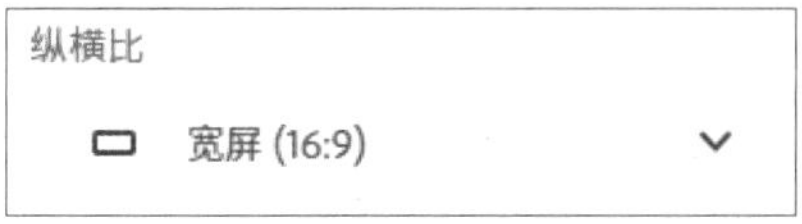

纵横比
宽屏 (16:9)

图2.120 设置纵横比

视觉强度

图2.121 调整视觉强度

05 选择完成之后，单击预览区底部的【生成】按钮，即可生成图像，单击预览图像即可看到生成的图像效果，最终效果如图2.122所示。

图2.122 最终效果

2.7.2 实例——制作惊艳的水果图像

实例解析

与简单的图像相反，惊艳的图像需要将生成选项中的视觉强度调整至最大。通过这种形式生成的图像中，物品的纹理与质量更强，同时也会生成具有很强氛围感的背景图像。具有厚重的视觉感受是惊艳图像的一个显著特征，其图像效果如图2.123所示。

图2.123 惊艳的图像效果

操作步骤

01 在Adobe Firefly主页中单击【文字生成图像】区域右下角的【生成】按钮，进入【文字生成图像】页面。

02 在底部的【提示】文本框中输入“一根被剥开的香蕉”，完成之后单击【生成】按钮，如图2.124所示。

图2.124 输入文字

03 在生成的页面中左侧的【纵横比】下拉菜单中选择【宽屏（16:9）】，如图2.125所示。

04 在【视觉强度】滑动控制按钮中，将其调至最左侧位置，如图2.126所示。

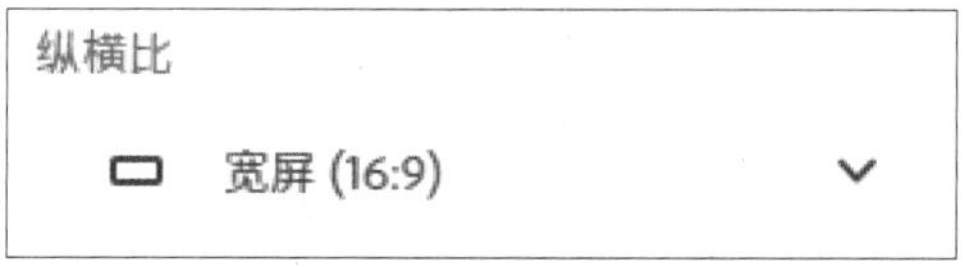

纵横比

宽屏 (16:9)

图2.125 设置纵横比

视觉强度

图2.126 调整视觉强度

05 选择完成之后，单击预览区底部的【生成】按钮，即可生成图像，单击预览图像即可看到生成的图像效果，最终效果如图2.127所示。

图2.127 最终效果

2.8 “相机角度”的应用

2.8.1 实例——打造漂亮花朵特写图像

实例解析

特写图像从字面上很容易理解，在图像生成过程中，主要聚焦于图像中的主题元素。这些元素占据整个画面的大部分比例，因此特写图像具有很强的视觉张力，在视觉上富有冲击力。特写图像效果如图2.128所示。

图2.128 特写图像效果

操作步骤

01 在Adobe Firefly主页中单击【文字生成图像】区域右下角的【生成】按钮，进入【文字生成图像】页面。

02 在底部的【提示】文本框中输入“花园里一朵玫瑰花，非常美丽，花瓣上沾着露珠。”，完成之后单击【生成】按钮，如图2.129所示。

图2.129 输入文字

03 在生成的页面中左侧的【纵横比】下拉菜单中选择【宽屏（16:9）】，如图2.130所示。

04 在【相机角度】选项中，选择【特写】，如图2.131所示。

图2.130 设置纵横比

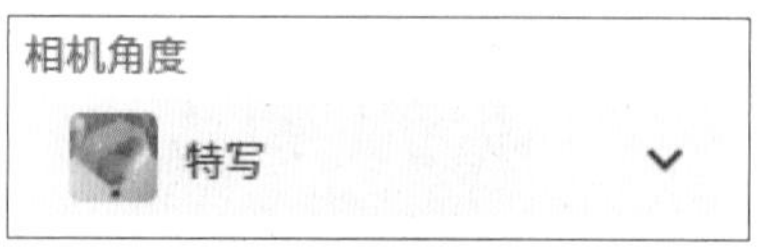

图2.131 更改相机角度选项

05 选择完成之后，单击预览区底部的【生成】按钮，即可生成图像，单击预览图像即可看到生成的图像效果，最终效果如图2.132所示。

图2.132 最终效果

2.8.2 实例——打造广角峡湾风景图

实例解析

广角是指在较短的拍摄距离范围内，能够拍摄到较大面积的景物。广角强调前景和突出远近对比。这种对比指的是广角镜头相比其他镜头更加突出近大远小的效果。用广角镜头拍摄的照片，近处物体显得更大，远处物体显得更小，从而产生拉开距离的感觉，在纵深方向上产生强烈的透视效果，特别是当使用焦距很短的超广角镜头拍摄时，近大远小的效果尤为显著。广角图像效果如图2.133所示。

图2.133 广角图像效果

操作步骤

01 在Adobe Firefly主页中单击【文字生成图像】区域右下角的【生成】按钮，进入【文字生成图像】页面。

02 在底部的【提示】文本框中输入“南美洲的一处峡谷，蓝天白云，平静的大海。”，完成之后单击【生成】按钮，如图2.134所示。

图2.134 输入文字

03 在生成的页面中左侧的【纵横比】下拉菜单中选择【宽屏（16:9）】，如图2.135所示。

04 在【相机角度】选项中，选择【广角】，如图2.136所示。

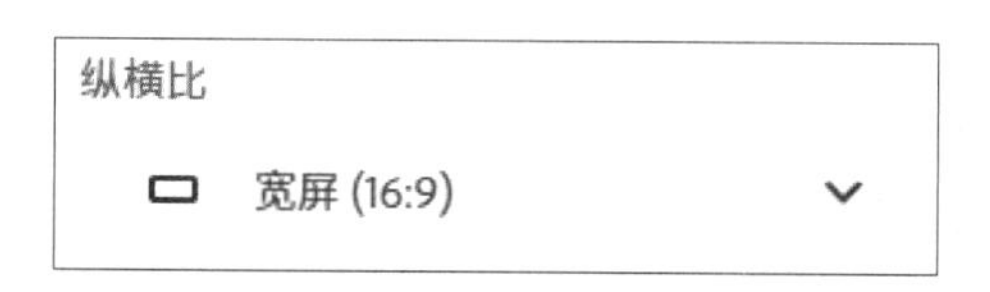

图2.135 设置纵横比

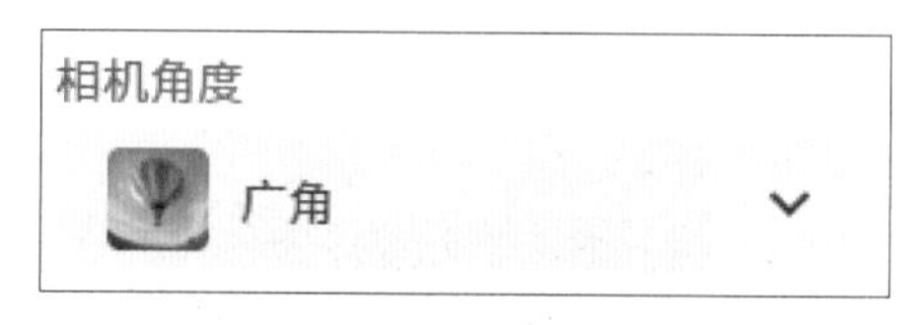

图2.136 更改相机角度

05 选择完成之后，单击预览区底部的【生成】按钮，即可生成图像，单击预览图像即可看到生成的图像效果，最终效果如图2.137所示。

图2.137 最终效果

2.8.3 实例——打造微距世界图像

实例解析

微距是指在摄像机或显微镜下观察和拍摄小型物体，如昆虫、花卉、微生物等。微距摄影与显微摄影的主要区别在于观察和拍摄的物体大小不同。微距摄影通常专注于捕捉图像细节。在微距摄影中，一个重要的概念是放大率，它与影像的复制比率有关。复制比率是指被摄体的实际大小与影像大小之间的比例关系。不同的比率关系会产生不同的图像效果，其图像效果如图2.138所示。

图2.138 微距图像效果

操作步骤

01 在Adobe Firefly主页中单击【文字生成图像】区域右下角的【生成】按钮，进入【文字生成图像】页面。

02 在底部的【提示】文本框中输入“阳光下的红色花朵上有一只蜜蜂”，完成之后单击【生成】按钮，如图2.139所示。

图2.139 输入文字

03 在生成的页面中左侧的【纵横比】下拉菜单中选择【宽屏（16:9）】，如图2.140所示。

04 在【相机角度】选项中，选择【微距摄影】，如图2.141所示。

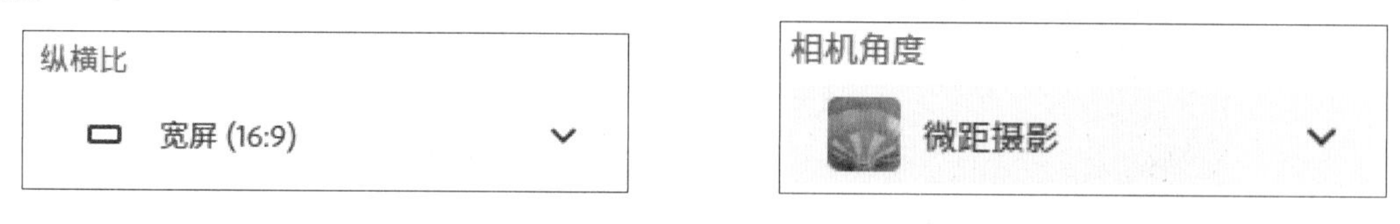

图2.140 设置纵横比　　图2.141 更改相机角度

05 选择完成之后，单击预览区底部的【生成】按钮，即可生成图像，单击预览图像即可看到生成的图像效果，最终效果如图2.142所示。

图2.142 最终效果

2.9 “颜色和色调”的应用

2.9.1 实例——打造金色雕塑图像

实例解析

金色雕塑在视觉上呈现出很强的视觉张力。相较于其他颜色，金色具有更高的亮度，并具备明显的可识别特征。另一方面，金色象征着高贵、光荣、华贵和辉煌。它还代表着闪耀、光辉和光明，同时在某些情况下也象征着地位和权力，其图像效果如图2.143所示。

图2.143 金色图像效果

操作步骤

01 在Adobe Firefly主页中单击【文字生成图像】区域右下角的【生成】按钮，进入【文字生成图像】页面。

02 在底部的【提示】文本框中输入“城市广场中央 一个铁质雕塑”，完成之后单击【生成】按钮，如图2.144所示。

图2.144 输入文字

03 在生成的页面中左侧的【纵横比】下拉菜单中选择【宽屏（16:9）】，如图2.145所示。

04 在【颜色和色调】选项中，选择【金色】，如图2.146所示。

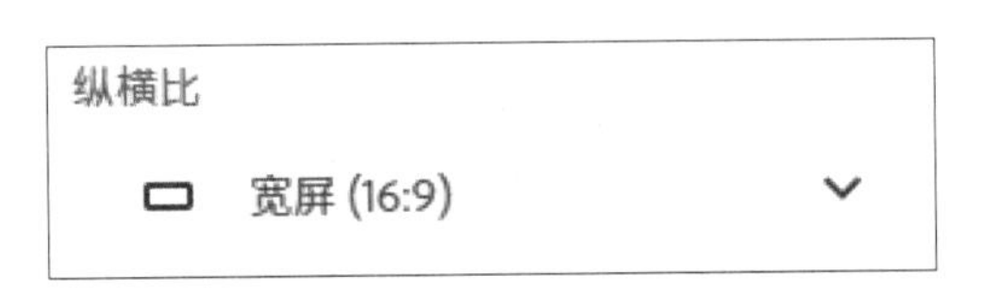

图2.145 设置纵横比

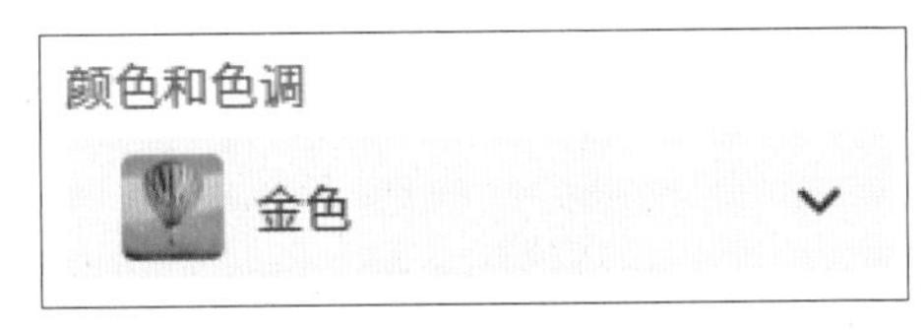

图2.146 设置颜色和色调

05 选择完成之后，单击预览区底部的【生成】按钮，即可生成图像，单击预览图像即可看到生成的图像效果，最终效果如图2.147所示。

图2.147 最终效果

2.9.2 实例——打造温暖氛围的草原图像

实例解析

在心理层面上，颜色具有一个显著的特点，即“冷热感”，这是指相对于颜色而言的心理感觉。在视觉上，橙红、黄色、棕色以及红色等色系往往于炽热、温暖、热烈、热情等情绪相关联，因此被称为暖色调。暖色调往往给人一种温暖舒适的视觉感受，调强调氛围感。因而暖色调的图像常常具有柔和的视觉效果，其图像效果如图2.148所示。

图2.148 暖色调图像效果

操作步骤

01 在Adobe Firefly主页中单击【文字生成图像】区域右下角的【生成】按钮，进入【文字生成图像】页面。

02 在底部的【提示】文本框中输入“阳光下的大草原”，完成之后单击【生成】按钮，如图2.149所示。

图2.149 输入文字

03 在生成的页面中左侧的【纵横比】下拉菜单中选择【宽屏（16:9）】，如图2.150所示。

04 在【颜色和色调】选项中，选择【暖色调】，如图2.151所示。

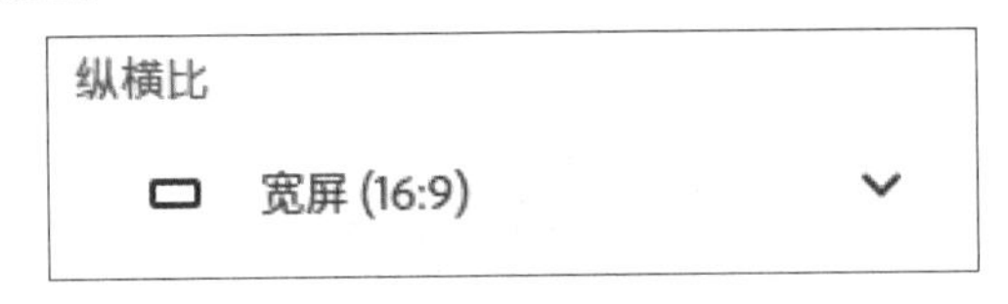

图2.150 设置纵横比

图2.151 设置颜色和色调

05 选择完成之后，单击预览区底部的【生成】按钮，即可生成图像，单击预览图像即可看到生成的图像效果，最终效果如图2.152所示。

图2.152 最终效果

2.10 “英文关键词”的应用

2.10.1 实例——生成sports car图像

实例解析

sports car翻译成中文为跑车。跑车的设计多为流线型车身，低矮是它的特征之一。

同时，跑车也象征着高性能和运动感。在本例中，通过输入英文关键词，可以直接生成相应的跑车图像，其图像效果如图2.153所示。

图2.153 跑车图像效果

操作步骤

01 在Adobe Firefly主页中单击【文字生成图像】区域右下角的【生成】按钮，进入【文字生成图像】页面。

02 在底部的【提示】文本框中输入“A hybrid sports car”，完成之后单击【生成】按钮，如图2.154所示。

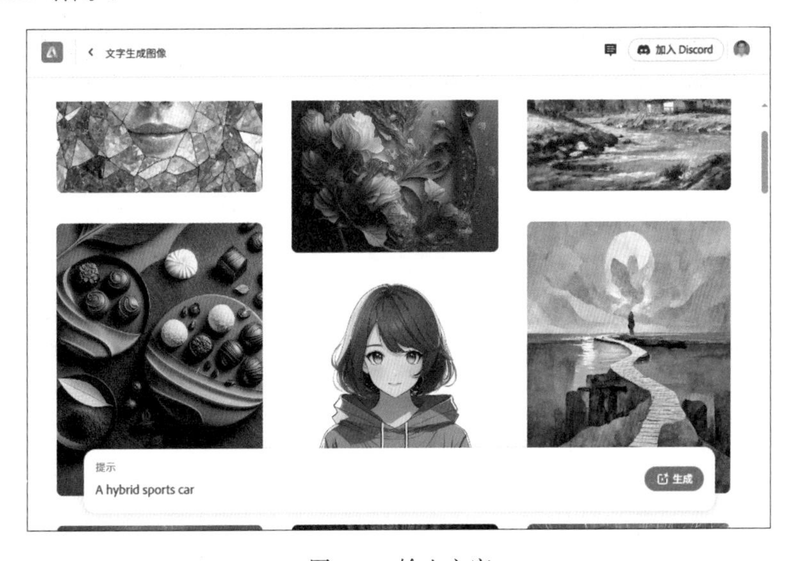

图2.154 输入文字

03 在生成的页面中左侧的【纵横比】下拉菜单中选择【宽屏（16:9）】，如图2.155所示。

纵横比

宽屏 (16:9)

图2.155 设置纵横比

04 选择完成之后，单击预览区底部的【生成】按钮，即可生成图像，单击预览图像即可看到生成的图像效果，最终效果如图2.156所示。

图2.156 最终效果

2.10.2 实例——生成ocean scenery图像

实例解析

ocean scenery翻译成中文为海洋风光。由于Firefly可准确识别英文关键词，通过输入“ocean scenery”即可直接生成对应的海洋风景图像。在本例中，通过输入关键词，并对生成选项进行微调，即可生成对应的图像。海洋风光的图像效果如图2.157所示。

图2.157 海洋风光的图像效果

操作步骤

01 在Adobe Firefly主页中单击【文字生成图像】区域右下角的【生成】按钮，进入【文字生成图像】页面。

02 在底部的【提示】文本框中输入“Beautiful ocean scenery”，完成之后单击【生成】按钮，如图2.158所示。

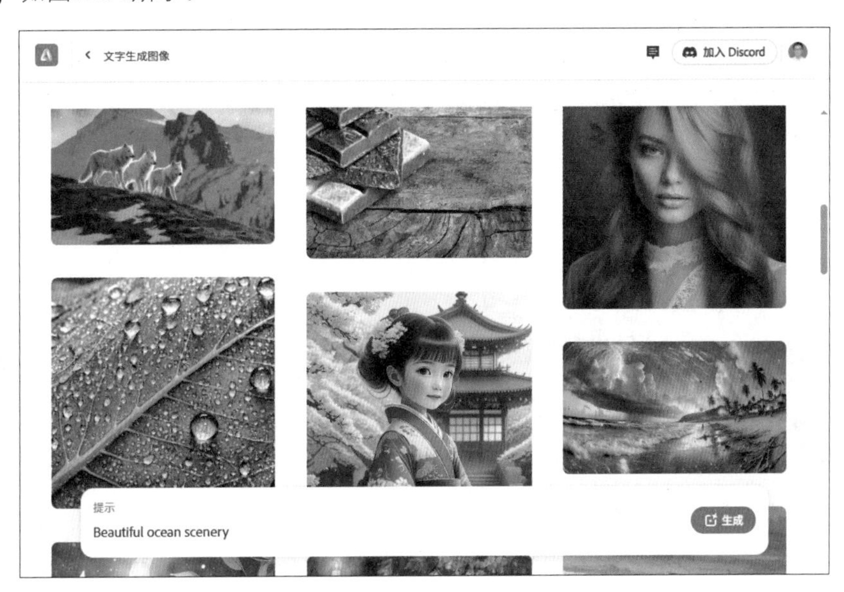

图2.158 输入文字

03 在生成的页面中左侧的【纵横比】下拉菜单中选择【宽屏（16:9）】，如图2.159所示。

图2.159 设置纵横比

04 选择完成之后，单击预览区底部的【生成】按钮，即可生成图像，单击预览图像即可看到生成的图像效果，最终效果如图2.160所示。

图2.160 最终效果

2.11 “类似图像”的应用

2.11.1 实例——生成类似的动物图像

实例解析

类似图像的生成主要是体现出图像的相似性。在本例中通过输入包含小猫的关键词，之后图像中会生成4幅不同姿势的小猫图像，通过选取其中的一种姿势，再次进行生成，将会以选取的这幅图像为基准重新生成3幅类似的图像，其中两幅图像效果如图2.161所示。

图2.161 其中两幅图像效果

操作步骤

01 在Adobe Firefly主页中单击【文字生成图像】区域右下角的【生成】按钮，进入【文字生成图像】页面。

02 在底部的【提示】文本框中输入“一只在花园里奔跑的白色小猫”，完成之后单击【生成】按钮，如图2.162所示。

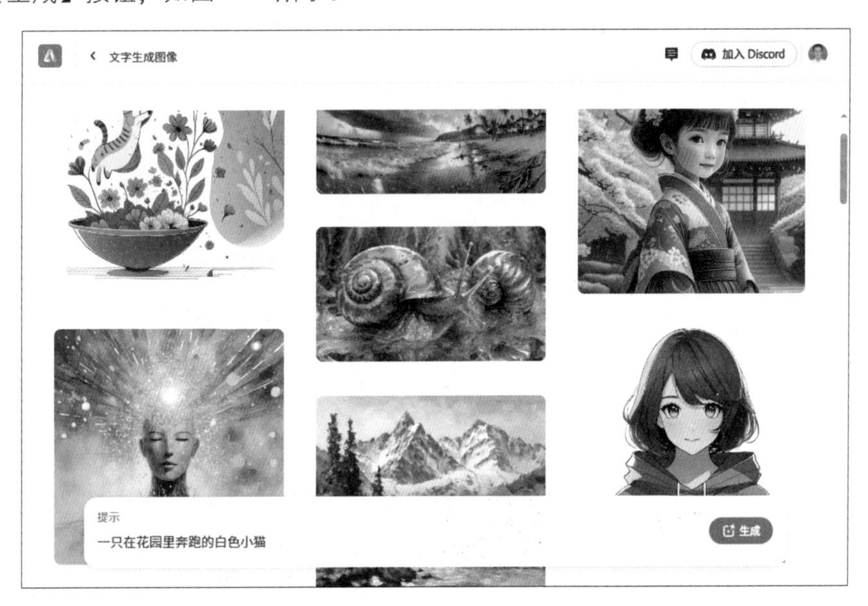

图2.162 输入文字

03 在生成的页面中左侧的【纵横比】下拉菜单中选择【宽屏（16:9）】，如图2.163所示。

04 选择完成之后，单击预览区底部的【生成】按钮，即可看到生成的4幅图像效果，如图2.164所示。

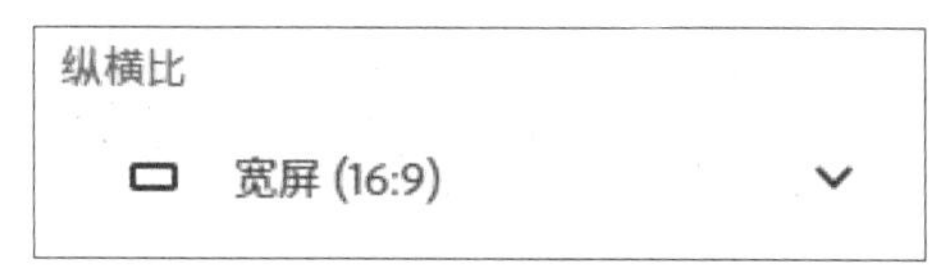

图2.163 设置纵横比

图2.164 图像效果

05 选择一幅与其他几幅区别明显的图像，单击左上角的【修改】按钮，在弹出的选项中选择【生成类似的文本】选项，将重新生成与这幅图像类似的图像效果，如图2.165所示。

图2.165 生成类似的图像

图2.165 生成类似的图像（续）

06 单击其中一幅图像预览图即可查看这幅图像，如图2.166所示。

图2.166 最终效果

2.11.2 实例——生成同款摩托车

实例解析

在本例中生成同款摩托车的过程与生成类似的动物图像的过程非常相似。在这类情况下，需要特别注意选择质量最高的图像作为基准进行生产。这样，再次生成的所有图像质量会更高，类似两幅图像效果如图2.167所示。

图2.167 类似两幅图像效果

操作步骤

01 在Adobe Firefly主页中单击【文字生成图像】区域右下角的【生成】按钮，进入【文字生成图像】页面。

02 在底部的【提示】文本框中输入“一辆在车展上的摩托车 蓝色 大排量”，完成之后单击【生成】按钮，如图2.168所示。

图2.168 输入文字

03 在生成的页面中左侧的【纵横比】下拉菜单中选择【宽屏（16:9）】，如图2.169所示。

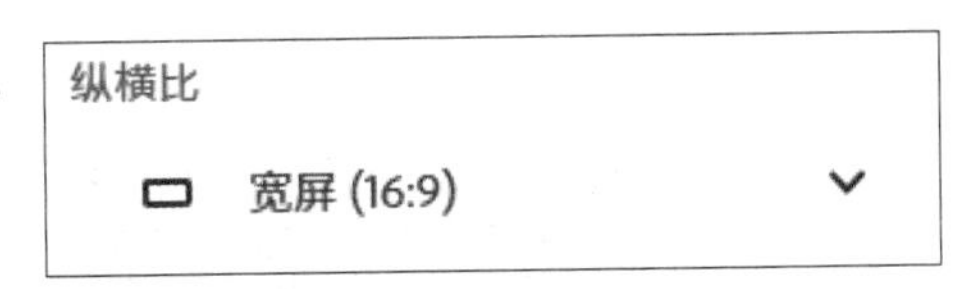

图2.169 设置纵横比

04 选择完成之后，单击预览区底部的【生成】按钮，即可看到生成的4幅图像效果，如图2.170所示。

图2.170 图像效果

05 选择质量最高的图像，单击其左上角的【修改】按钮，在弹出的选项中选择【生成类似的文本】选项，将重新生成与这幅图像类似的图像效果，如图2.171所示。

图2.171 生成类似的图像

06 单击其中一幅图像预览图即可看到生成的图像效果，最终效果如图2.172所示。

图2.172 最终效果

需要注意的是，在生成类似图像时，其他几幅图像是以当前所选中的图像为模板进行生成的。

Adobe Firefly 萤火虫

AI绘画快速创意设计

第3章

图像美化与处理应用

本章讲解图像美化与处理应用，与在Photoshop中对图像的美化与处理不同，在Firefly中的操作更为简单。本章共分为三个部分，包括：更换样式的操作应用、去除元素的应用以及创设环境的应用。每一部分都有对应的案例知识讲解，例如在更换样式的应用中包括为人物更换衣服、为鞋子更换样式、为人物或者动物添加元素等。通过学习本章的内容，读者可以掌握大部分关于图像美化与处理应用的知识。

要点索引

- 学习更换样式的操作应用
- 学会去除元素的应用
- 掌握创设环境的应用知识

3.1 更换样式的操作应用

3.1.1 实例——为时尚美女换裙子

实例解析

更换裙子的操作在Firefly中相对简单，只需导入原始图像，利用画笔工具选取人物的裙子，然后输入关键词，单击【生成】按钮即可快速生成新的裙子图像。图像在操作前后的对比效果如图3.1所示。

图3.1 图像在操作前后的对比效果

操作步骤

01 在Adobe Firefly主页中单击【生成式填充】区域右下角的【生成】按钮，进入【生成式填充】页面。

02 在跳转的【生成式填充】页面中单击【上传图像】按钮。

03 在打开的对话框中选择【美女】素材图像，单击【打开】按钮，如图3.2所示。

04 单击页面底部的【设置】按钮，在出现的选项中将画笔大小更改为40%，如图3.3所示。

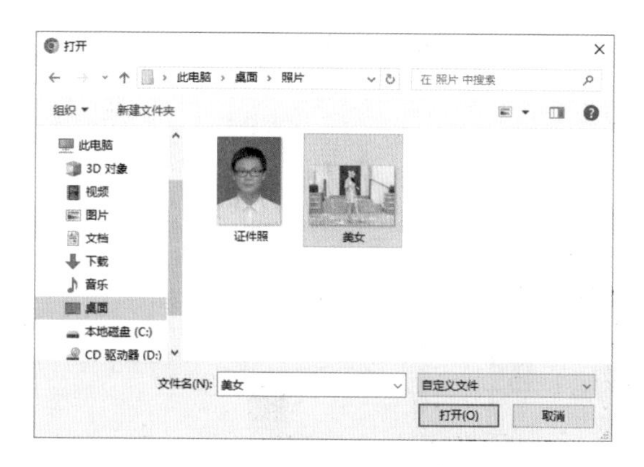

图3.2 上传图像

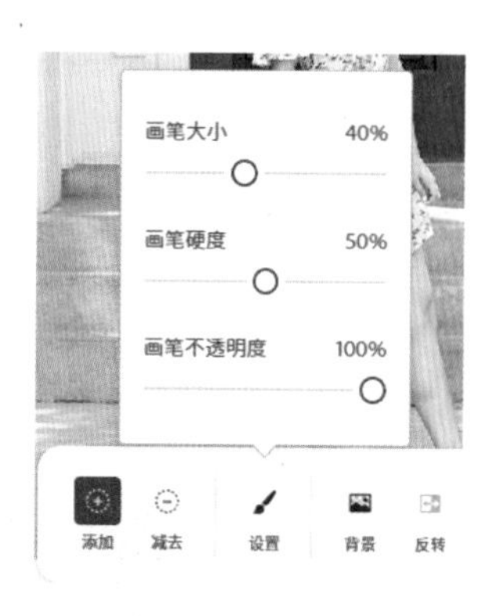

图3.3 更改画笔大小

05 在人物衣服区域进行涂抹，如图3.4所示。

06 在页面底部的文本框中输入“换一件时尚的裙子”，再单击【生成】按钮，如图3.5所示。

图3.4 涂抹衣服区域

图3.5 输入文字

07 这样即可看到换裙子后的效果，通过单击页面底部几个缩览图可以选择自己想要的效果，最终效果如图3.6所示。

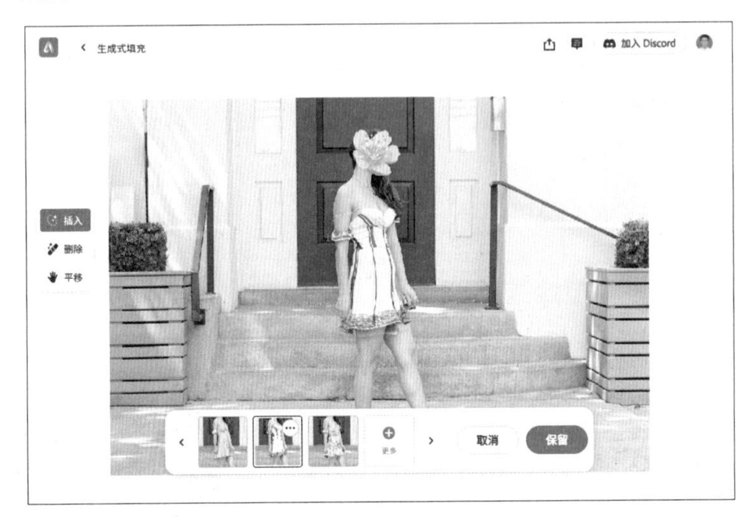

图3.6 最终效果

3.1.2 实例——将湖泊变成草原

实例解析

与更换裙子案例的操作类似，将湖泊变成草原的操作过程也类似。然而，需特别注意在选取湖泊图像时对边缘的处理，这一步骤非常重要。图像在操作前后的对比效果如图3.7所示。

图3.7 图像在操作前后的对比效果

操作步骤

01 在Adobe Firefly主页中单击【生成式填充】区域右下角的【生成】按钮，进入【生成式填充】页面。

02 在跳转的【生成式填充】页面中单击【上传图像】按钮。

03 在打开的对话框中选择【湖泊】素材图像，单击【打开】按钮，如图3.8所示。

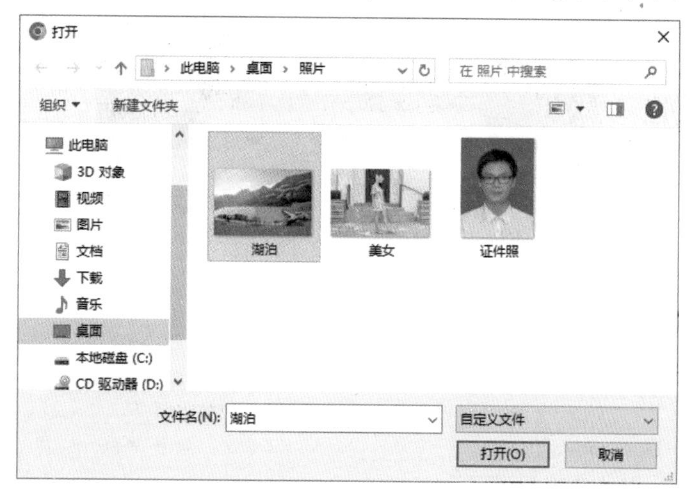

图3.8 上传图像

04 单击页面底部的【设置】按钮，在出现的选项中将画笔大小更改为50%，如图3.9所示。

05 在图像中的湖泊区域进行涂抹，如图3.10所示。

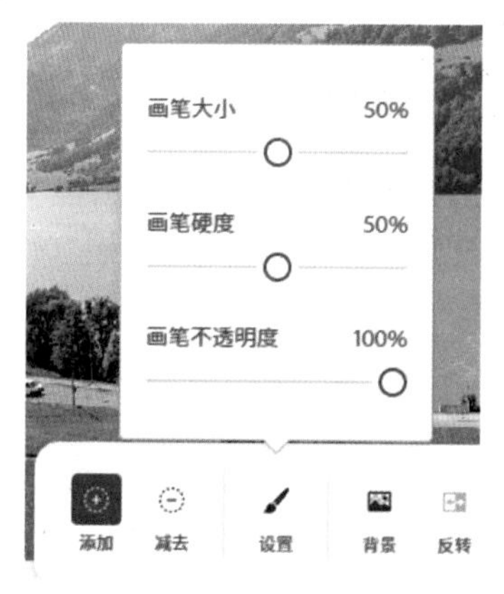

图3.9 更改画笔大小

图3.10 涂抹湖泊区域

06 在页面底部的文本框中输入“漂亮的大草原”，再单击【生成】按钮，如图3.11所示。

图3.11 输入文字

07 这样即可看到生成的大草原效果，通过单击页面底部几个缩览图可以选择自己想要的效果，最终效果如图3.12所示。

图3.12 最终效果

3.1.3 实例——为鞋子换个样式

实例解析

为鞋子更换样式的操作与换裙子的操作过程类似，只需上传原始图像，然后利用画笔涂抹需要更换的区域，接着输入关键词即可完成操作。图像在操作前后的对比效果如图3.13所示。

图3.13 图像在操作前后的对比效果

操作步骤

01 在Adobe Firefly主页中单击【生成式填充】区域右下角的【生成】按钮，进入【生成式填充】页面。

02 在【生成式填充】页面中单击【上传图像】按钮。

03 在打开的对话框中选择【鞋子】素材图像，单击【打开】按钮，如图3.14所示。

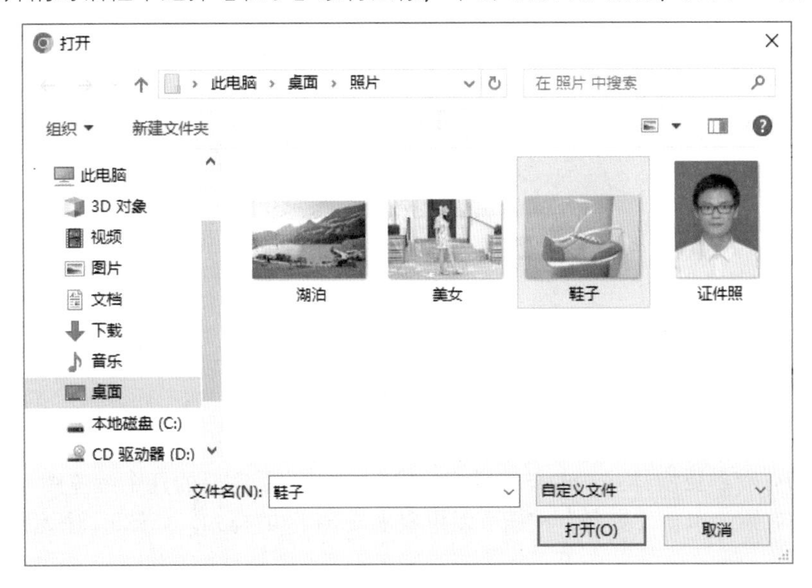

图3.14 上传图像

04 单击页面底部的【设置】按钮，在出现的选项中将画笔大小更改为50%，如图3.15所示。

05 在图像中的鞋子区域进行涂抹，如图3.16所示。

图3.15 更改画笔大小

图3.16 涂抹鞋子区域

06 在页面底部的文本框中输入【为鞋子换个样式】，再单击【生成】按钮，如图3.17所示。

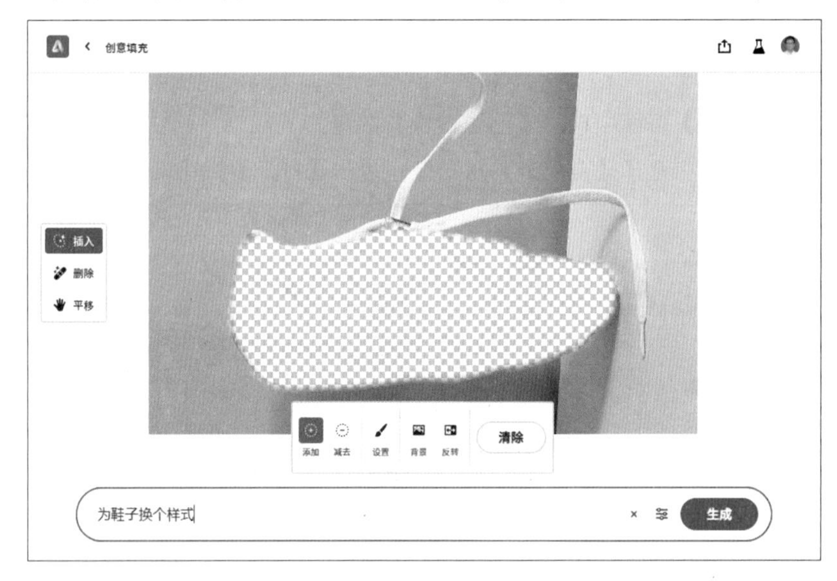

图3.17 输入文字

07 这样即可看到更换样式后的鞋子效果，通过单击页面底部的几个缩览图可以选择自己想要的效果，单击【更多】按钮可以再次生成3个新的样式，如图3.18所示。

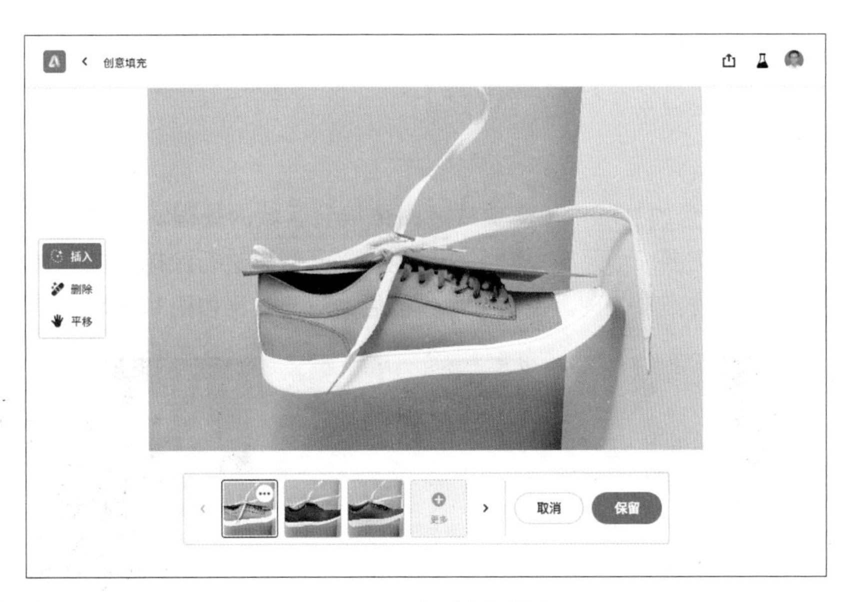

图3.18 生成的样式效果

08 通过单击底部的不同缩览图可以查看自己想要的新样式，这样就完成了样式更换操作，最终效果如图3.19所示。

图3.19 最终效果

3.1.4 实例——为模特换个手提包

实例解析

在本例更换手提包的过程中，需要注意图像细节区域的处理，比如在包包区域涂抹之后，还需要缩小画笔笔触，并对包包带子区域进行涂抹。在整个过程中，需要重点关注细节处理。图像在操作前后的对比效果如图3.20所示。

图3.20 图像在操作前后的对比效果

操作步骤

01 在Adobe Firefly主页中单击【生成式填充】区域右下角的【生成】按钮，进入【生成式填充】页面。

02 在【生成式填充】页面中单击【上传图像】按钮。

03 在打开的对话框中选择【包包】素材图像，单击【打开】按钮，如图3.21所示。

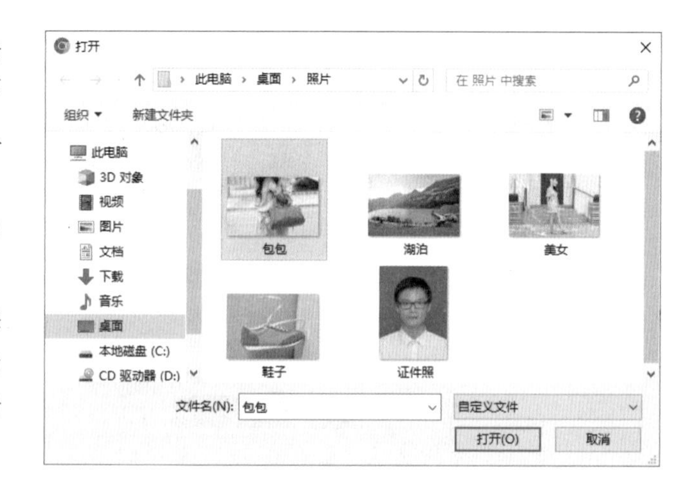

图3.21 上传图像

04 单击页面底部的【设置】按钮，在出现的选项中将画笔大小更改为50%，如图3.22所示。

05 在图像中的包包区域进行涂抹，如图3.23所示。

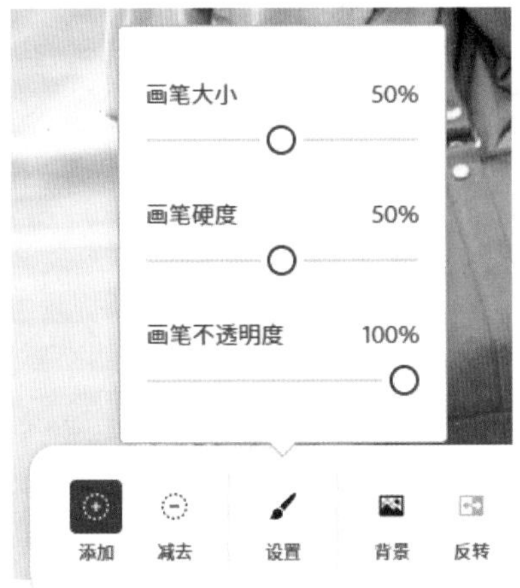

图3.22 更改画笔大小

图3.23 涂抹包包区域

06 单击页面底部的【设置】按钮，在出现的选项中将画笔大小更改为20%，如图3.24所示。

07 在图像中的手提包区域进行涂抹，如图3.25所示。

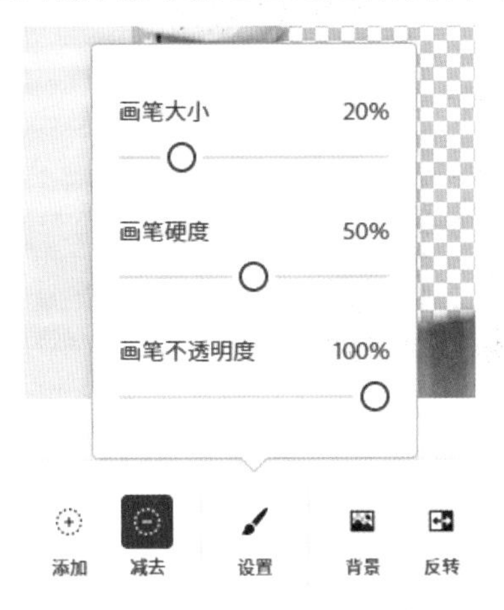

图3.24 更改画笔大小

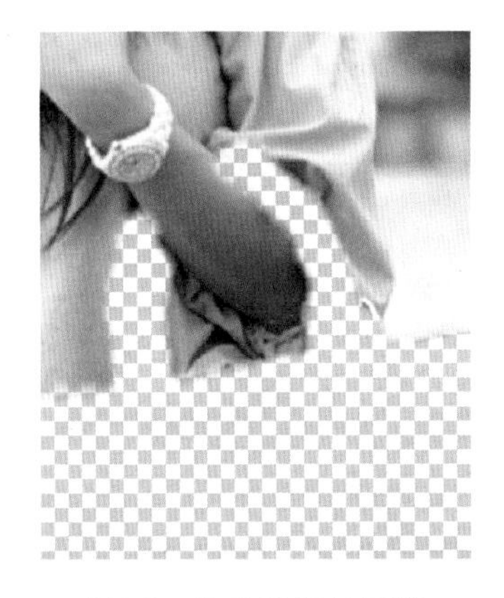

图3.25 涂抹手提包区域

08 在页面底部的文本框中输入【为手提包换个款式】，再单击【生成】按钮，如图3.26所示。

09 这样即可看到生成的新款手提包效果，通过单击页面底部的几个缩览图可以选择自己想要的效果，最终效果如图3.27所示。

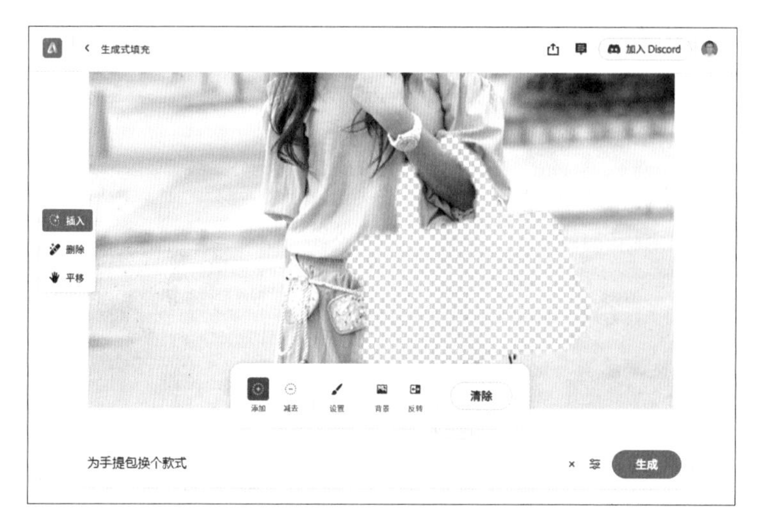

图3.26 输入文字

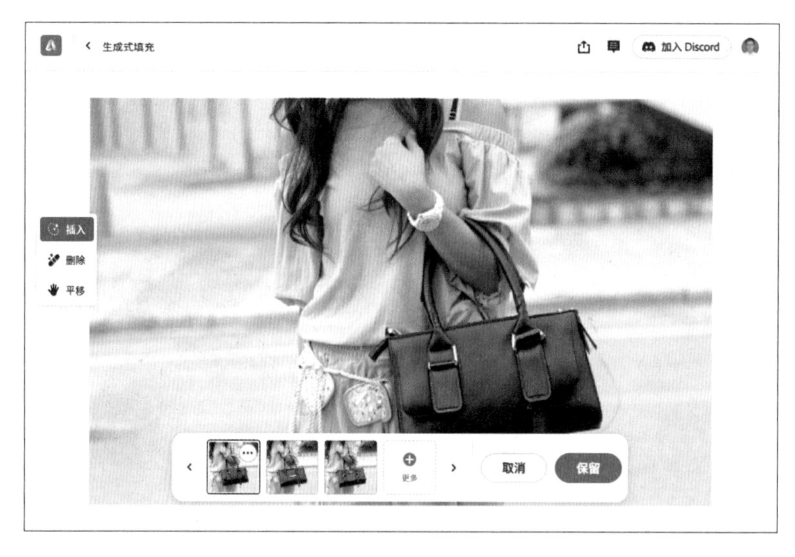

图3.27 最终效果

3.1.5 实例——给狗狗戴上圣诞帽

实例解析

本例中的图像处理过程与更换衣服和鞋子的操作非常相似。只需在狗狗头部区域进行涂抹，将添加元素的区域变成透明，然后输入关键词即可添加相应的图像元素。图像在操作前后的对比效果如图3.28所示。

图3.28 图像在操作前后的对比效果

操作步骤

01 在Adobe Firefly主页中单击【生成式填充】区域右下角的【生成】按钮，进入【生成式填充】页面。

02 在【生成式填充】页面中单击【上传图像】按钮。

03 在打开的对话框中选择【狗狗】素材图像，单击【打开】按钮，如图3.29所示。

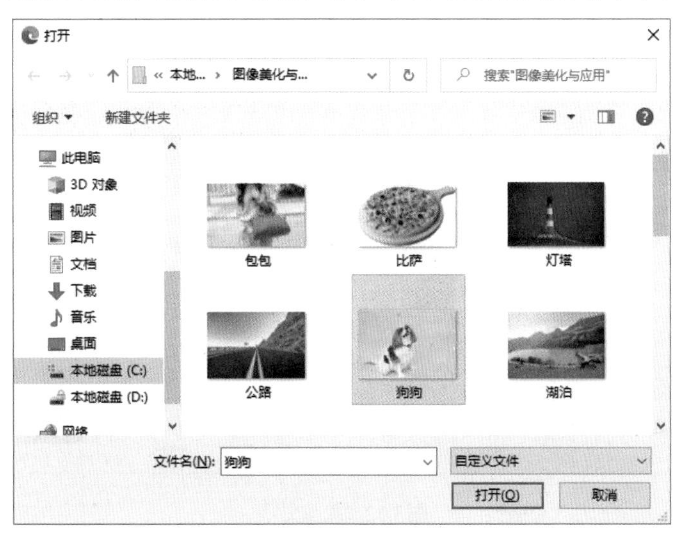

图3.29 上传图像

04 单击页面底部的【设置】按钮，在出现的选项中将画笔大小更改为30%，如图3.30所示。

05 在图像中狗狗的头部区域进行涂抹，如图3.31所示。

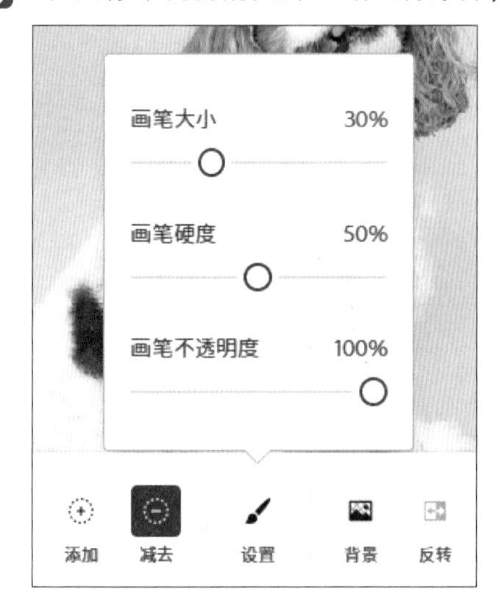

图3.30 更改画笔大小

图3.31 涂抹狗狗头部区域

06 在页面底部的文本框中输入【为狗狗戴上圣诞帽】，再单击【生成】按钮，如图3.32所示。

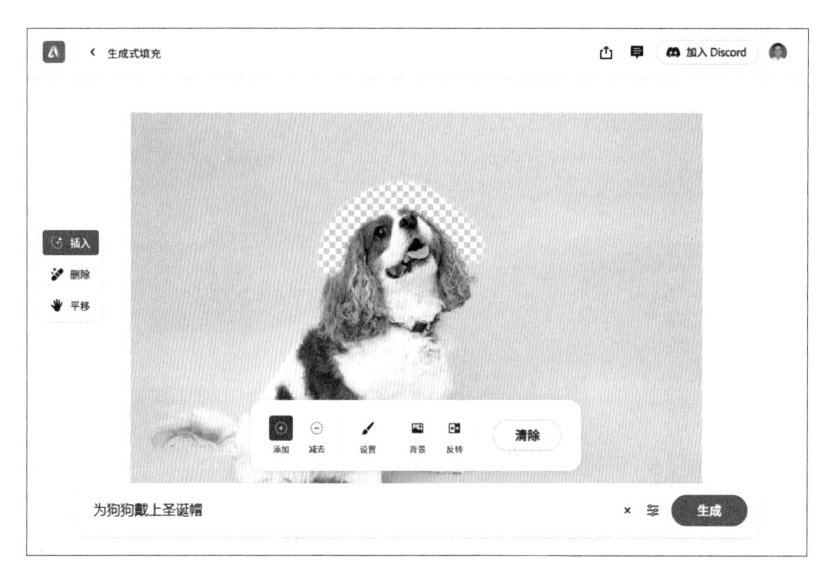

图3.32 输入文字

07 这样即可看到图像效果，通过单击页面底部的几个缩览图可以选择自己想要的效果，最终效果如图3.33所示。

图3.33 最终效果

3.1.6 实例——将烤鸡换成烤牛排

实例解析

在本例中对图像的处理相对简单一些。由于需要更换的元素轮廓比较规则，只需利用画笔工具将其完整选取，然后输入关键词后即可完成替换操作。图像在操作前后的对比效果如图3.34所示。

图3.34 图像在操作前后的对比效果

操作步骤

01 在Adobe Firefly主页中单击【生成式填充】区域右下角的【生成】按钮，进入【生成式填充】页面。

02 在【生成式填充】页面中单击【上传图像】按钮。

03 在打开的对话框中选择【烤鸡】素材图像，单击【打开】按钮，如图3.35所示。

图3.35 上传图像

04 单击页面底部的【设置】按钮，在出现的选项中将画笔大小更改为40%，如图3.36所示。

05 在图像中的烤鸡区域进行涂抹，如图3.37所示。

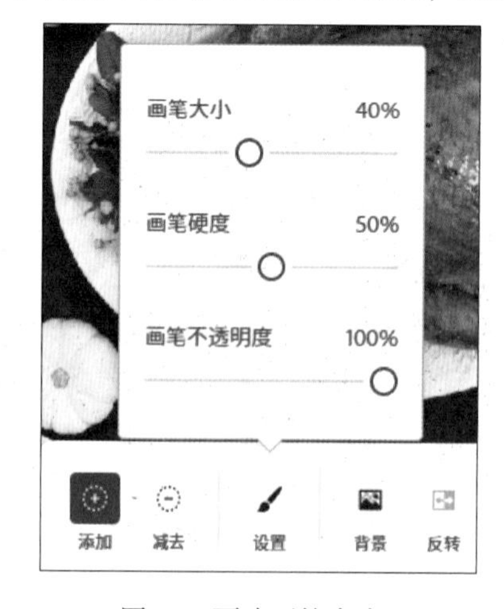

图3.36 更改画笔大小

图3.37 涂抹烤鸡区域

06 在页面底部的文本框中输入“烤牛排”，再单击【生成】按钮，如图3.38所示。

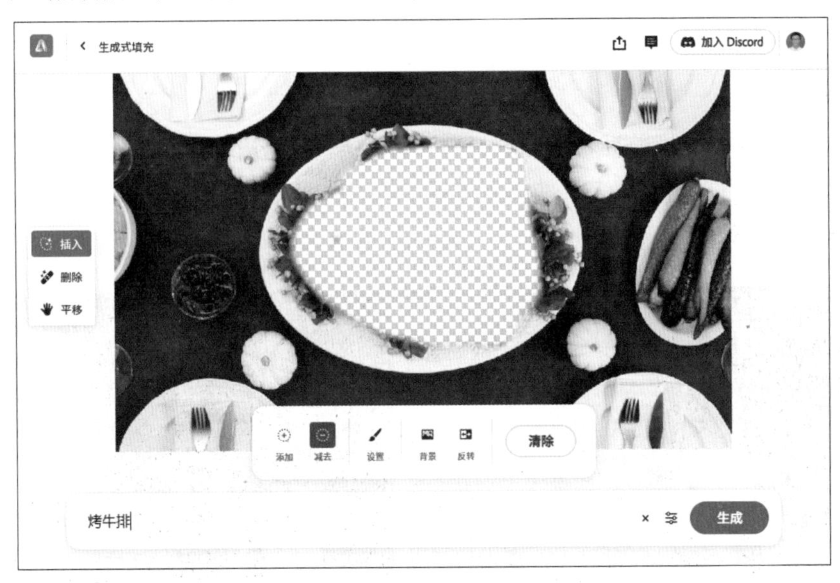

图3.38 输入文字

07 这样即可看到图像效果，通过单击页面底部的几个缩览图可以选择自己想要的效果，最终效果如图3.39所示。

图3.39 最终效果

3.1.7 实例——将奶瓶换成花瓶

实例解析

在本例中，由于更换前后都是瓶式图像，因此整个操作比较简单。生成新的图像之后，可通过单击【更多】按钮生成更多样式的图像供选择。图像在操作前后的对比效果如图3.40所示。

图3.40 图像在操作前后的对比效果

操作步骤

01 在Adobe Firefly主页中单击【生成式填充】区域右下角的【生成】按钮，进入【生成式填充】页面。

02 在【生成式填充】页面中单击【上传图像】按钮。

03 在打开的对话框中选择【奶瓶】素材图像，单击【打开】按钮，如图3.41所示。

图3.41 上传图像

04 单击页面底部的【设置】按钮，在出现的选项中将画笔大小更改为50%，如图3.42所示。

05 在图像中的奶瓶区域进行涂抹，如图3.43所示。

图3.42　更改画笔大小

图3.43　涂抹奶瓶区域

06 在页面底部的文本框中输入“花瓶”，再单击【生成】按钮，如图3.44所示。

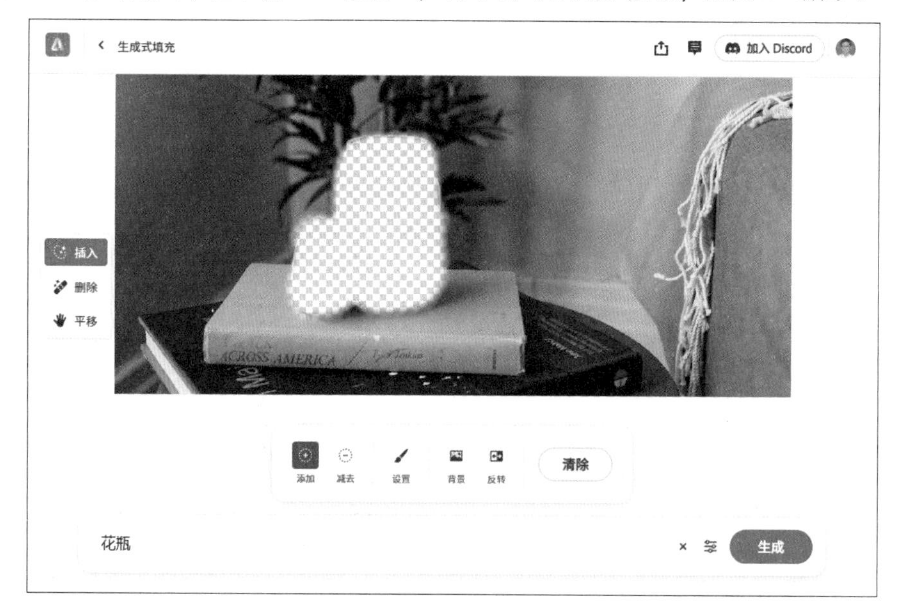

图3.44　输入文字

07 这样即可看到图像效果，通过单击页面底部的几个缩览图可以选择自己想要的效果，单击【更多】按钮将会生成更多效果，最终效果如图3.45所示。

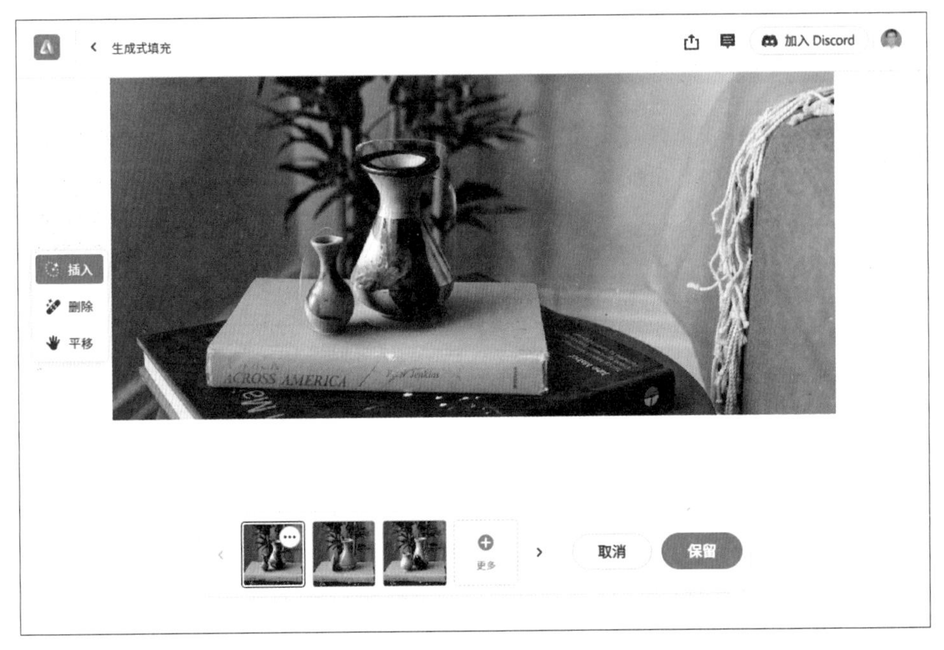

图3.45 最终效果

3.2 去除元素的应用

3.2.1 实例——擦除公路中的黄色分隔线

实例解析

有些画面中的线段或者圆点可能会影响图像的观感，但通过去除元素的应用操作，可以快速地将这些不需要的元素去除。在本例中，通过利用画笔对分隔线进行涂抹选取，可以快速将不需要的元素去除。图像在操作前后的对比效果如图3.46所示。

图3.46 图像在操作前后的对比效果

操作步骤

01 在Adobe Firefly主页中单击【生成式填充】区域右下角的【生成】按钮，进入【生成式填充】页面。

02 在【生成式填充】页面中单击【上传图像】按钮。

03 在打开的对话框中选择【公路】素材图像，单击【打开】按钮，如图3.47所示。

图3.47 上传图像

04 单击页面底部的【设置】按钮，在出现的选项中将画笔大小更改为50%，如图3.48所示。

05 在公路中间黄线区域进行涂抹，如图3.49所示。

图3.48 更改画笔大小

图3.49 涂抹黄线区域

06 在页面底部的文本框中输入“把黄线去掉”，再单击【生成】按钮，如图3.50所示。

图3.50 输入文字

07 这样即可看到去除分隔线后的效果，通过单击页面底部的几个缩览图可以选择自己想要的效果，最终效果如图3.51所示。

图3.51　最终效果

3.2.2　实例——去掉风景照中的人物

实例解析

人物去除的操作与其他元素的去除操作非常类似。只需选取不想要的人物图像，再输入相应关键词即可完美去除。图像在操作前后的对比效果如图3.52所示。

图3.52　图像在操作前后的对比效果

操作步骤

01 在Adobe Firefly主页中单击【生成式填充】区域右下角的【生成】按钮，进入【生成式填充】页面。

02 在【生成式填充】页面中单击【上传图像】按钮。

03 在打开的对话框中选择【瑜伽】素材图像，单击【打开】按钮，如图3.53所示。

图3.53 上传图像

04 单击页面底部的【设置】按钮，在出现的选项中将画笔大小更改为40%，如图3.54所示。

05 在人物区域进行涂抹，如图3.55所示。

图3.54 更改画笔大小

图3.55 涂抹人物区域

06 在页面底部的文本框中输入“去除图像中的人物”，再单击【生成】按钮，如图3.56所示。

图3.56 输入文字

07 这样即可看到去除人物后的效果，通过单击页面底部的几个缩览图可以选择自己想要的效果，最终效果如图3.57所示。

图3.57 最终效果

3.2.3 实例——去除水面的饮料瓶

实例解析

当漂亮的水面出现多余的图像元素时，可以利用元素去除功能将不想要的部分选中，然后利用画笔对其进行涂抹，并输入相应关键词即可快速去除多余元素。图像在操作前后的对比效果如图3.58所示。

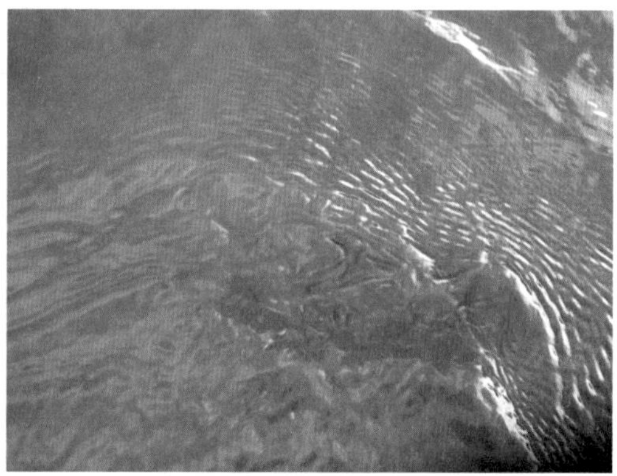

图3.58 图像在操作前后的对比效果

操作步骤

01 在Adobe Firefly主页中单击【生成式填充】区域右下角的【生成】按钮，进入【生成式填充】页面。

02 在【生成式填充】页面中单击【上传图像】按钮。

03 在打开的对话框中选择【饮料瓶】素材图像，单击【打开】按钮，如图3.59所示。

图3.59 上传图像

04 单击页面底部的【设置】按钮，在出现的选项中将画笔大小更改为50%，如图3.60所示。

05 在饮料瓶区域进行涂抹，如图3.61所示。

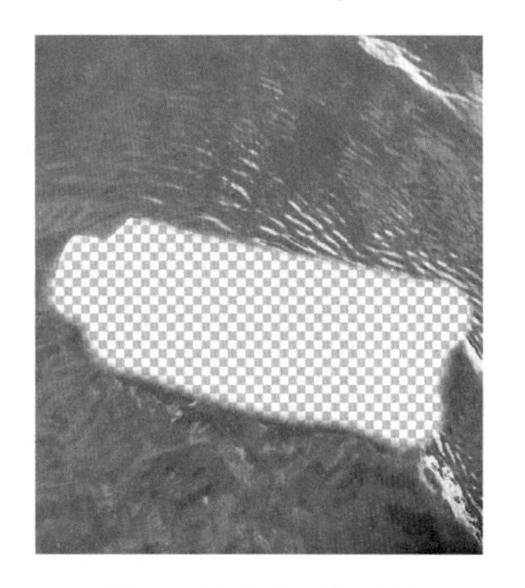

图3.60 更改画笔大小

图3.61 涂抹饮料瓶区域

06 在页面底部的文本框中输入“去除图像中的饮料瓶”，再单击【生成】按钮，如图3.62所示。

图3.62 输入文字

07 这样即可看到去除饮料瓶后的效果，通过单击页面底部的几个缩览图可以选择自己想要的效果，最终效果如图3.63所示。

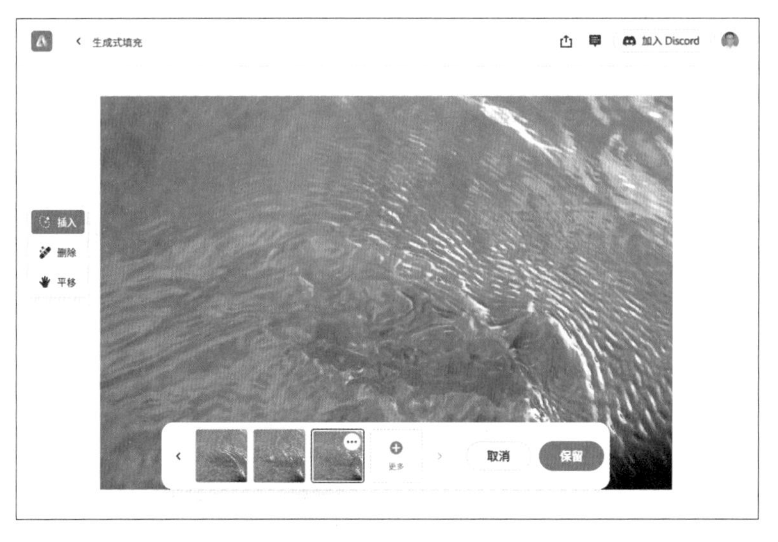

图3.63 最终效果

3.3 创设环境的应用

3.3.1 实例——为美食创建用餐环境

实例解析

在创设环境的应用过程中，漂亮的图像需要与相应的环境相得益彰，只有将二者巧妙结合，才能生成完美的图像效果。图像在操作前后的对比效果如图3.64所示。

图3.64 图像在操作前后的对比效果

操作步骤

01 在Adobe Firefly主页中单击【生成式填充】区域右下角的【生成】按钮，进入【生成式填充】页面。

02 在【生成式填充】页面中单击【上传图像】按钮。

03 在打开的对话框中选择【比萨】素材图像，单击【打开】按钮，如图3.65所示。

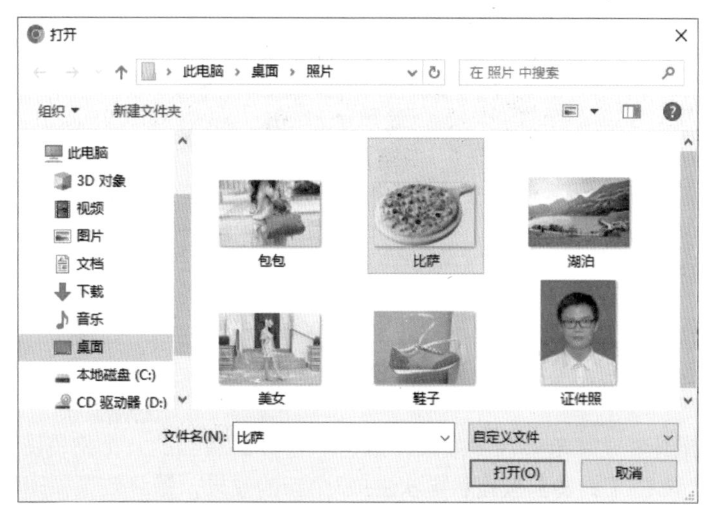

图3.65 上传图像

04 在【生成式填充】页面中，单击页面底部的【背景】图标，将比萨图像底部背景去除，如图3.66所示。

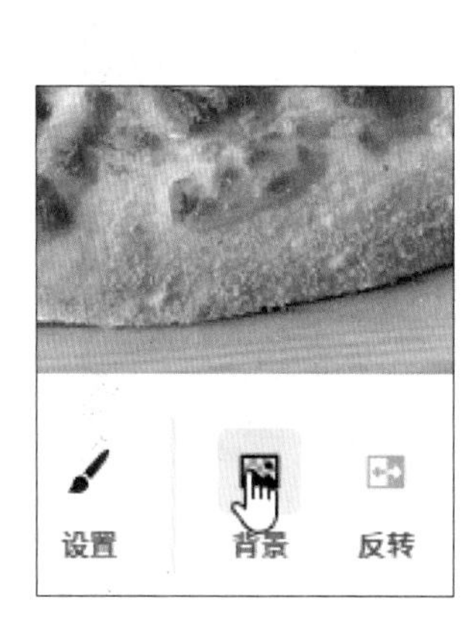

图3.66 去除底部背景

05 在页面底部的文本框中输入【为美食创建用餐环境】，再单击【生成】按钮，如图3.67所示。

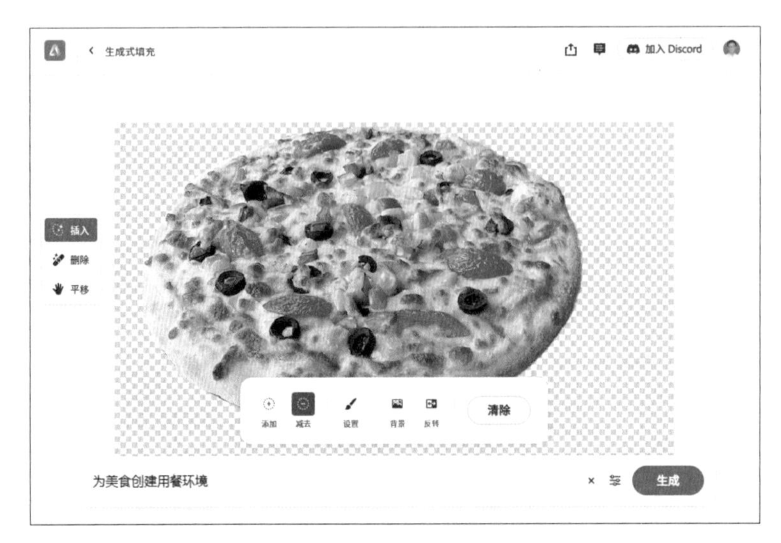

图3.67 输入文字

06 这样即可看到生成的用餐环境效果，通过单击页面底部的几个缩览图可以选择自己想要的效果，单击【更多】按钮将再次生成3个新的效果，最终效果如图3.68所示。

图3.68 最终效果

3.3.2 实例——为男人图像替换背景

实例解析

替换背景的操作非常简单。在应用程序中，只需单击【背景】图标，便可将男人背景图像去除，并通过输入关键词直接生成新的背景图像。图像在操作前后的对比效果如图3.69所示。

图3.69 图像在操作前后的对比效果

操作步骤

01 在Adobe Firefly主页中单击【生成式填充】区域右下角的【生成】按钮，进入【生成式填充】页面。

02 在【生成式填充】页面中单击【上传图像】按钮。

03 在打开的对话框中选择【男人】素材图像，单击【打开】按钮，如图3.70所示。

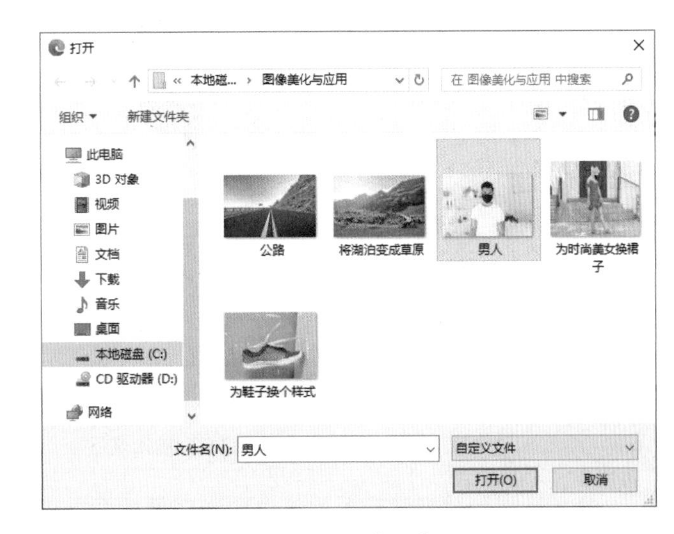

图3.70 上传图像

04 在【生成式填充】页面中，单击页面底部的【背景】图标，将男人背景图像去除，如图3.71所示。

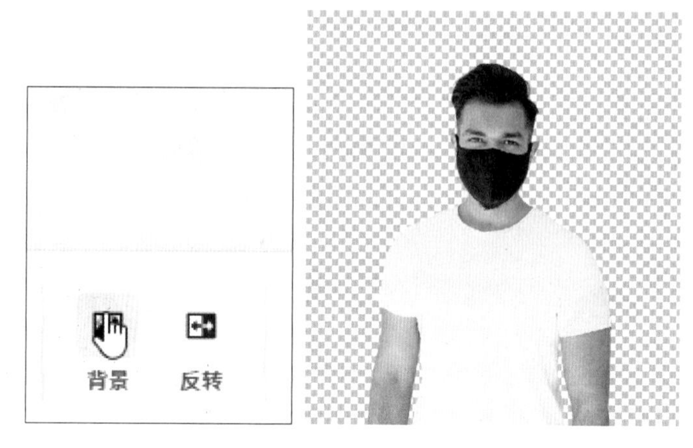

图3.71 去除底部背景

05 在页面底部的文本框中输入“为男人添加写字楼里的办公室环境”，再单击【生成】按钮，如图3.72所示。

图3.72 输入文字

06 这样即可看到替换背景后的效果，通过单击页面底部的几个缩览图可以选择自己想要的效果，单击【更多】按钮将再次生成3个新的效果，最终效果如图3.73所示。

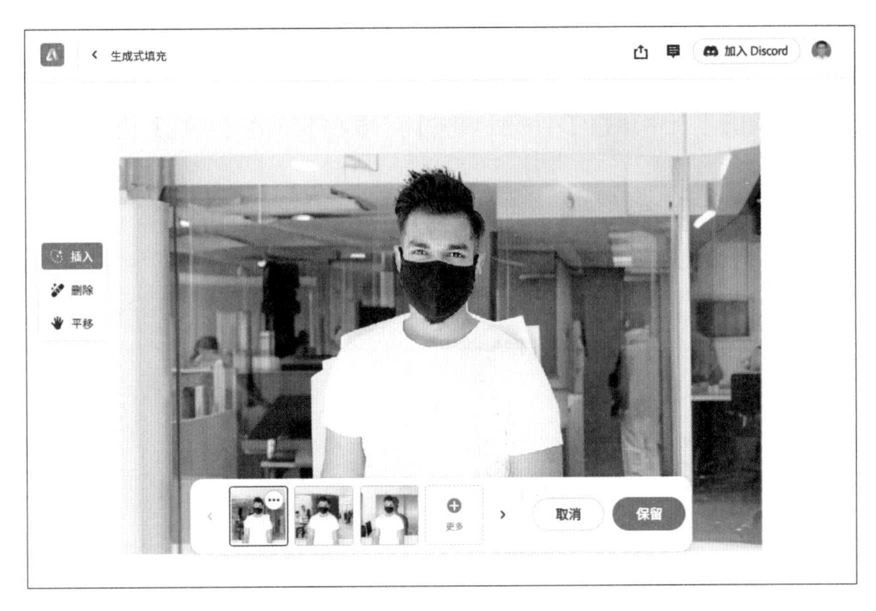

图3.73　最终效果

3.3.3 实例——打造海边飞驰摩托车图像

实例解析

通过利用背景功能，可以轻松去除摩托车背景，并输入相应关键词即可完美更换背景图像，打造出在海边飞驰的摩托车图像效果。图像在操作前后的对比效果如图3.74所示。

图3.74　图像在操作前后的对比效果

操作步骤

01 在Adobe Firefly主页中单击【生成式填充】区域右下角的【生成】按钮，进入【生成式填充】页面。

02 在【生成式填充】页面中单击【上传图像】按钮。

03 在打开的对话框中选择【摩托车】素材图像，单击【打开】按钮，如图3.75所示。

图3.75 上传图像

04 在【生成式填充】页面中，单击页面底部的【背景】图标，将摩托车背景去除，如图3.76所示。

图3.76 去除底部背景

05 在页面底部的文本框中输入“行驶在滨海公路的摩托车”，再单击【生成】按钮，如图3.77所示。

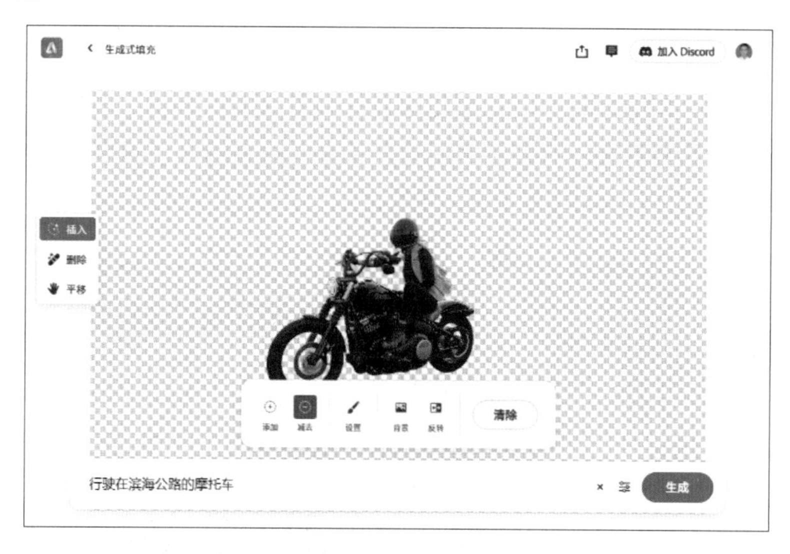

图3.77 输入文字

06 这样即可看到生成的新的图像效果，通过单击页面底部的几个缩览图可以选择自己想要的效果，单击【更多】按钮将再次生成3个新的效果，最终效果如图3.78所示。

图3.78 最终效果

3.3.4 实例——制作美酒与酒吧环境

实例解析

制作美酒与酒吧环境的过程与创建用餐环境的操作有些类似。通过利用背景功能，将去除美酒图像的背景，然后输入关键词生成新的环境背景图像即可。图像在操作前后的对比效果如图3.79所示。

图3.79 图像在操作前后的对比效果

操作步骤

01 在Adobe Firefly主页中单击【生成式填充】区域右下角的【生成】按钮，进入【生成式填充】页面。

02 在【生成式填充】页面中单击【上传图像】按钮。

03 在打开的对话框中选择【气泡酒】素材图像，单击【打开】按钮，如图3.80所示。

图3.80 上传图像

04 在【生成式填充】页面中，单击页面底部的【背景】图标，将气泡酒背景去除，如图3.81所示。

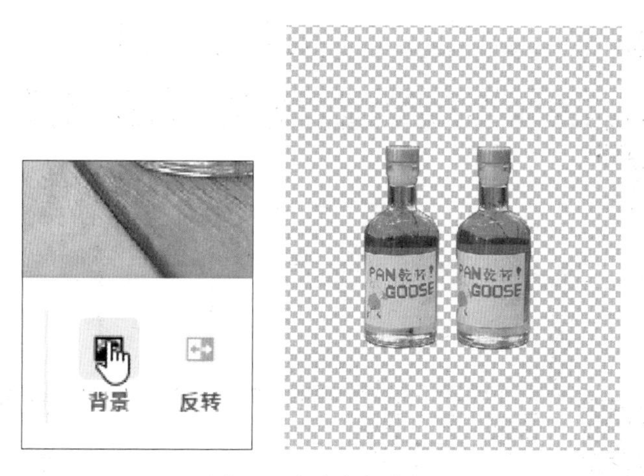

图3.81　去除底部背景

05 在页面底部的文本框中输入“创建高档酒吧环境”，再单击【生成】按钮，如图3.82所示。

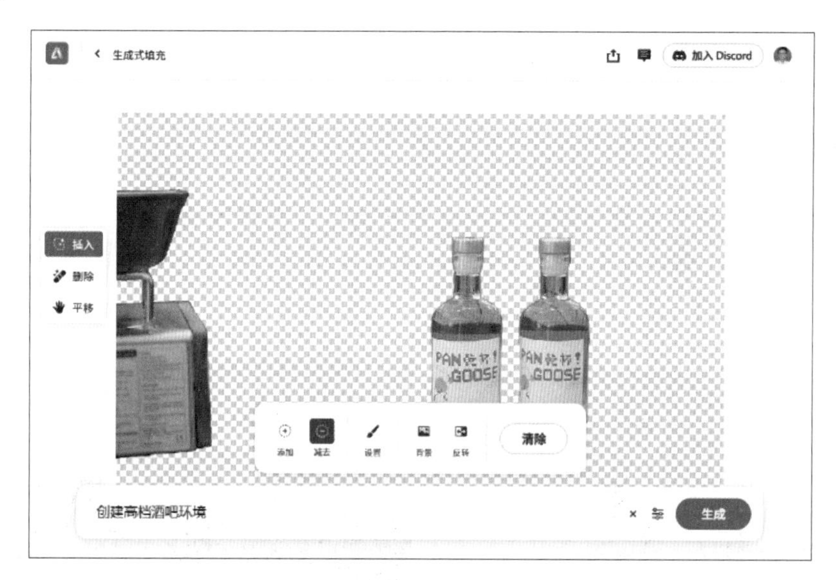

图3.82　输入文字

06 这样即可看到生成的新的图像效果，通过单击页面底部的几个缩览图可以选择自己想要的效果，单击【更多】按钮将再次生成3个新的效果，最终效果如图3.83所示。

图3.83 最终效果

3.3.5 实例——为滑雪者换个高山背景

实例解析

在本例中，原图中滑雪者所处的环境有些杂乱，背景不够清晰。通过去除背景图像，并更换为干净的高山图像，可以生成新的漂亮图像。图像在操作前后的对比效果如图3.84所示。

图3.84 图像在操作前后的对比效果

操作步骤

01 在Adobe Firefly主页中单击【生成式填充】区域右下角的【生成】按钮，进入【生成式填充】页面。

02 在【生成式填充】页面中单击【上传图像】按钮。

03 在打开的对话框中选择【滑雪者】素材图像，单击【打开】按钮，如图3.85所示。

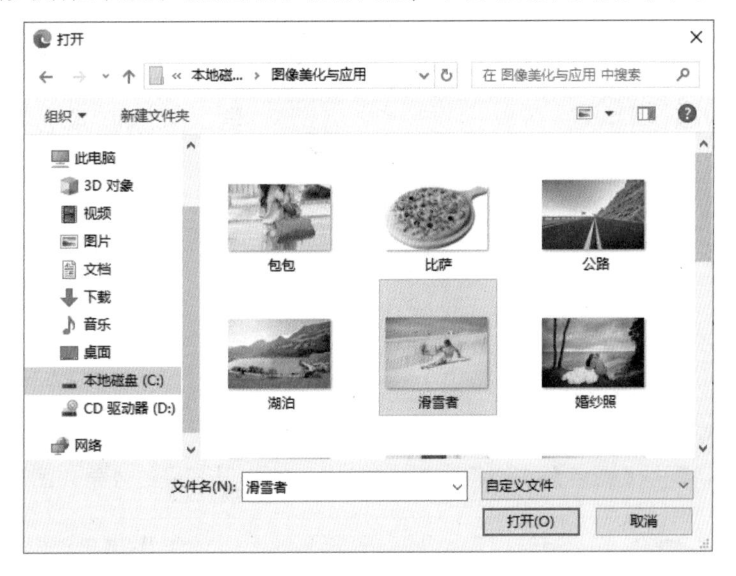

图3.85 上传图像

04 在【生成式填充】页面中，单击页面底部的【背景】图标，将背景去除，如图3.86所示。

图3.86 去除底部背景

05 在页面底部的文本框中输入“在山上滑雪”，再单击【生成】按钮，如图3.87所示。

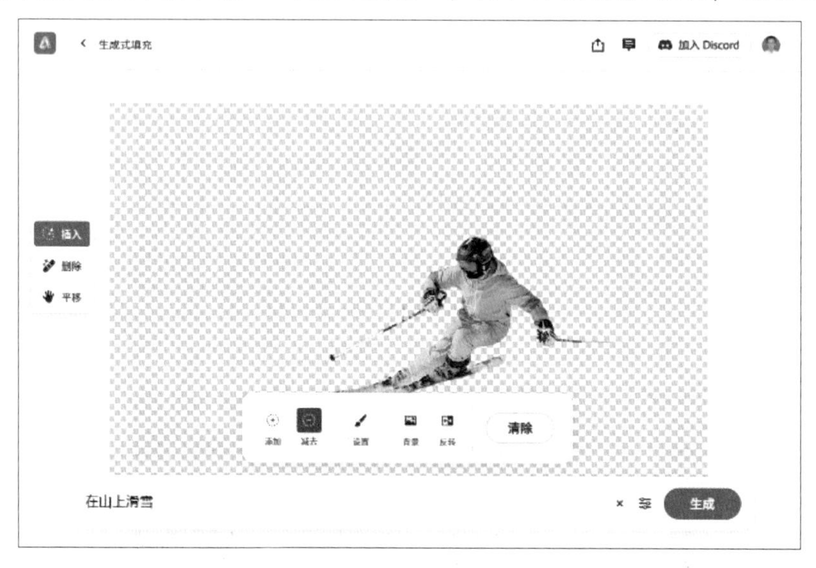

图3.87 输入文字

06 这样即可看到生成的新的图像效果，通过单击页面底部的几个缩览图可以选择自己想要的效果，单击【更多】按钮将再次生成3个新的效果，最终效果如图3.88所示。

图3.88 最终效果

3.3.6 实例——为玩具熊图像添加一束花

实例解析

在本例中的原图中，玩具熊形单影只，画面略显单调。通过在其旁边添加一束花，可以让整幅图像的元素更加丰富，同时也增强了图像的色彩。添加元素的方法与创建环境的过程较为类似，只需使用画笔对部分图像进行涂抹，然后输入相应关键词即可完成添加。图像在操作前后的对比效果如图3.89所示。

图3.89 图像在操作前后的对比效果

操作步骤

01 在Adobe Firefly主页中单击【生成式填充】区域右下角的【生成】按钮，进入【生成式填充】页面。

02 在【生成式填充】页面中单击【上传图像】按钮。

03 在打开的对话框中选择【玩具熊】素材图像，单击【打开】按钮，如图3.90所示。

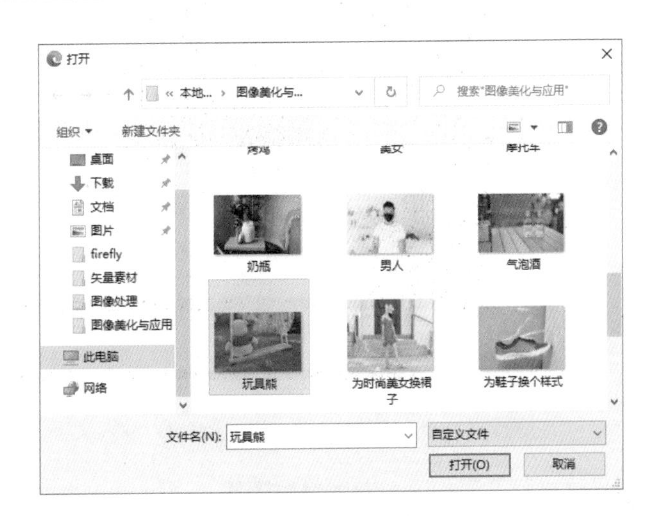

图3.90 上传图像

04 单击页面底部的【设置】按钮，在出现的选项中将画笔大小更改为50%，如图3.91所示。

05 在玩具熊右侧区域进行涂抹，如图3.92所示。

图3.91 更改画笔大小

图3.92 涂抹玩具熊右侧区域

06 在页面底部的文本框中输入“一束花”，再单击【生成】按钮，如图3.93所示。

图3.93 输入文字

07 这样即可看到添加花图像的效果，通过单击页面底部的几个缩览图可以选择自己想要的效果，最终效果如图3.94所示。

图3.94　最终效果

3.3.7　实例——为灯塔创建大海背景

实例解析

为灯塔创建大海背景的操作与创建餐厅环境的操作相似。通过去除原图中的背景，再输入新的关键词即可完成整个操作流程。图像在操作前后的对比效果如图3.95所示。

图3.95　图像在操作前后的对比效果

操作步骤

01 在Adobe Firefly主页中单击【生成式填充】区域右下角的【生成】按钮，进入【生成式填充】页面。

02 在【生成式填充】页面中单击【上传图像】按钮。

03 在打开的对话框中选择【灯塔】素材图像，单击【打开】按钮，如图3.96所示。

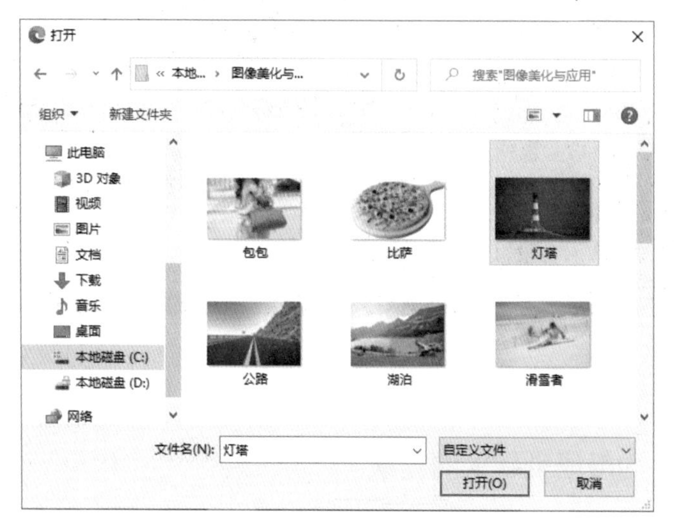

图3.96 上传图像

04 在【生成式填充】页面中，单击页面底部的【背景】图标，将背景去除，如图3.97所示。

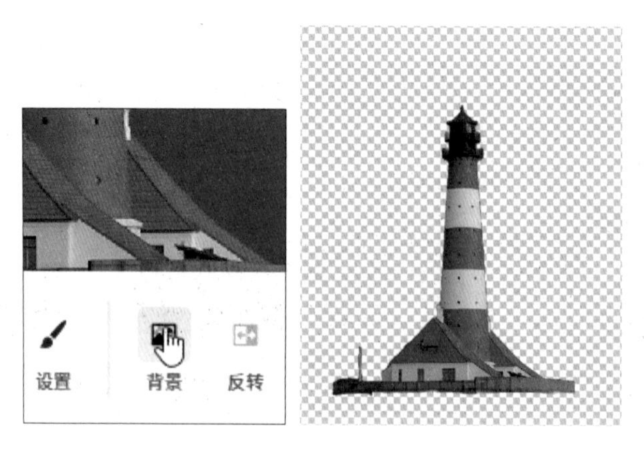

图3.97 去除底部背景

05 在页面底部的文本框中输入“漂亮的夜晚大海背景”，再单击【生成】按钮，如图3.98所示。

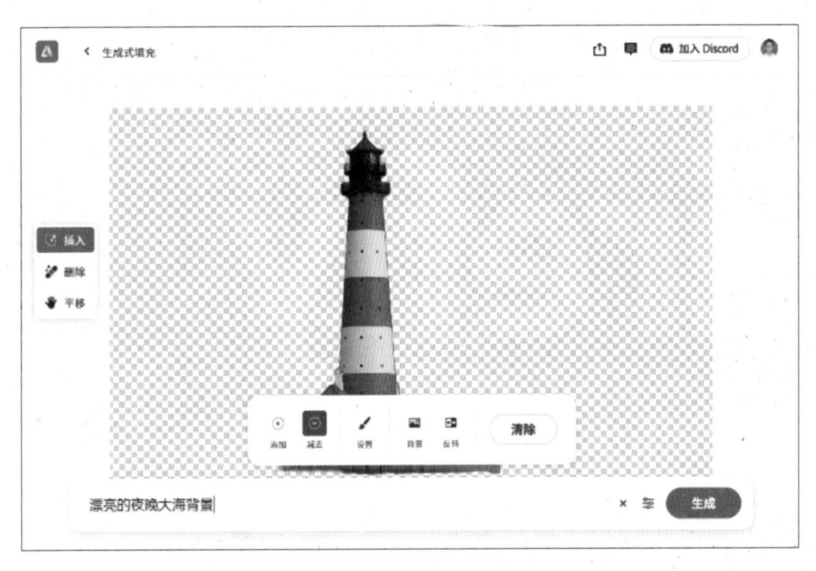

图3.98 输入文字

06 这样即可看到生成的新的图像效果，通过单击页面底部的几个缩览图可以选择自己想要的效果，单击【更多】按钮将再次生成3个新的效果，最终效果如图3.99所示。

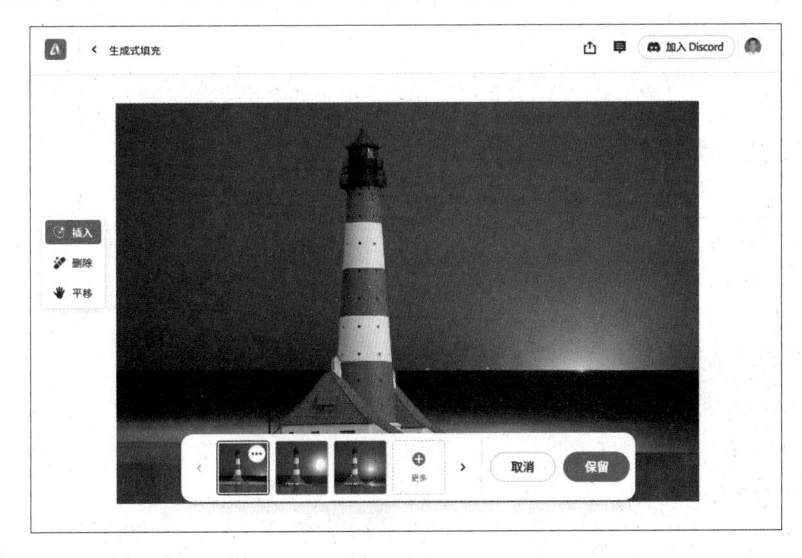

图3.99 最终效果

Adobe Firefly 萤火虫 AI绘画快速创意设计

第4章

特效纹理艺术字制作

本章将详细介绍如何在Adobe Express中制作特效纹理艺术字，这是一个功能强大的工具。通过输入关键词，用户可以直接生成所需的艺术字效果。本章将讲解打造烘焙艺术字、制作火山熔岩字、生成浪漫玫瑰花文字、制作钛合金字、制作美味饼干字、制作细腻光滑气球字等实例，让读者通过对这些实例的学习来掌握特效纹理艺术字的技巧和方法。

要点索引

- 学习打造烘焙艺术字
- 学会制作火山熔岩字
- 掌握生成浪漫玫瑰花文字的方法
- 学会制作钛合金字
- 了解制作美味饼干字的方法
- 学习制作细腻光滑气球字

4.1 打造烘焙艺术字

实例解析

一种用五谷磨粉制作并经过加热处理的食品，经烘烤后表面形成漂亮的纹理。在本例中，通过输入关键词直接生成具有美观图像效果的烘焙艺术字，文字效果如图4.1所示。

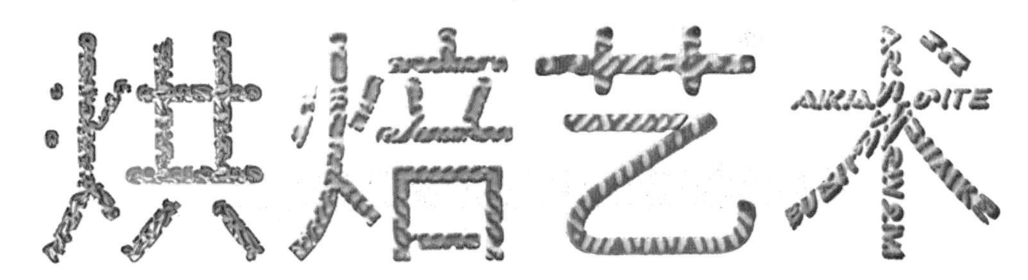

图4.1 烘焙艺术字文字效果

操作步骤

01 在Adobe Firefly主页中单击【生成模板】区域，进入【Adobe Express】页面。

02 在跳转的【Adobe Express】页面中单击【生成式AI】按钮。

03 在页面下方的【文字效果】区域的文本框中输入“烘焙效果”，完成之后单击【生成】按钮，如图4.2所示。

图4.2 添加关键词

04 在生成的页面中，双击右侧的文字区域并更改文字信息以完成效果制作。最终效果如图4.3所示。

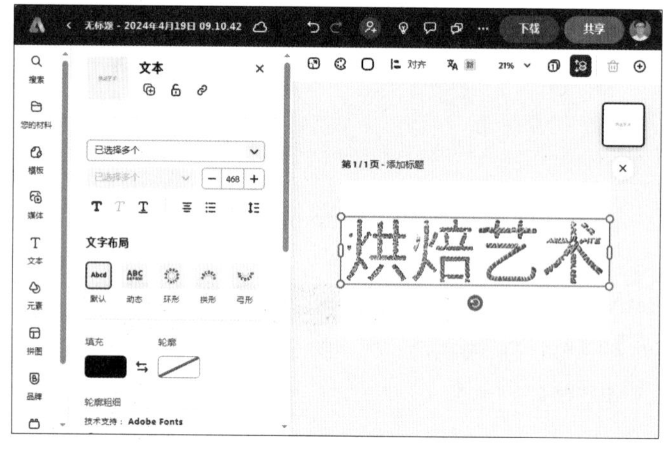

图4.3 最终效果

4.2 制作火山熔岩字

实例解析

火山熔岩是已经熔化的岩石，呈现为高温液体状态，其表面具有高温纹理及火焰效果，文字效果如图4.4所示。

图4.4 火山熔岩字效果

操作步骤

01 在Adobe Firefly主页中单击【生成模板】区域，进入【Adobe Express】页面。

02 在跳转的【Adobe Express】页面中单击【生成式AI】按钮。

03 在页面下方的【文字效果】区域的文本框中输入“火山熔岩字”，完成之后单击【生成】按钮，如图4.5所示。

图4.5 添加关键词

04 在生成的页面中，双击右侧的文字区域，更改文字信息，如图4.6所示。

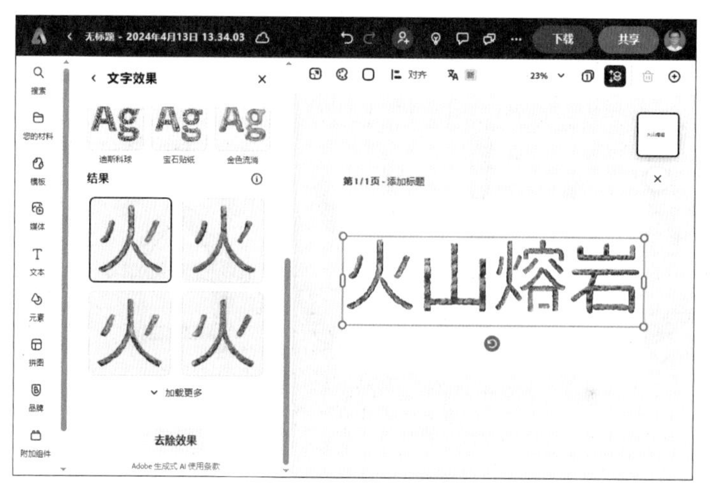

图4.6 更改文字

05 在【自定义文本样式】中选择【松散】，如图4.7所示。

06 在【结果】中选择一种火焰效果，这样就完成了该文字效果的制作。最终效果如图4.8所示。

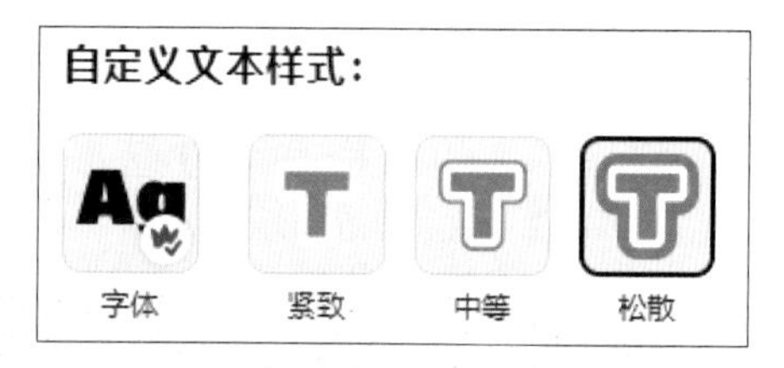

图4.7 更改自定义文本样式

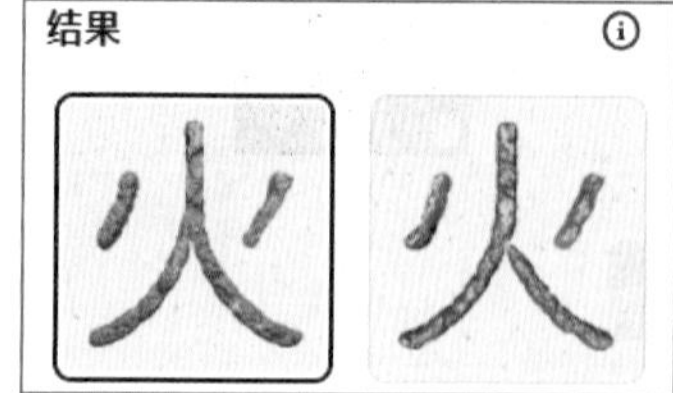

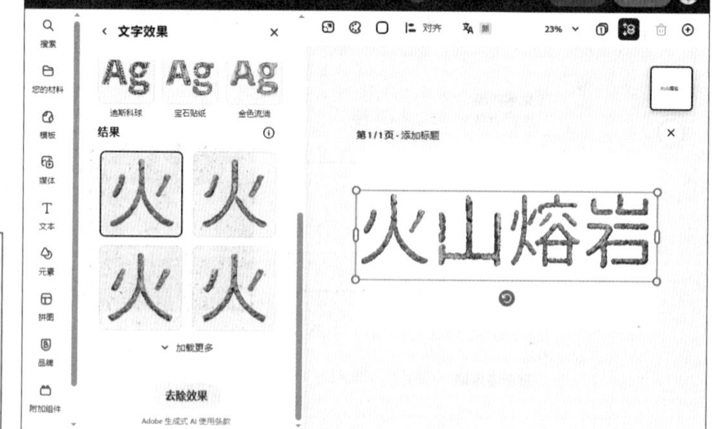

图4.8 最终效果

4.3 生成浪漫玫瑰花文字

实例解析

玫瑰花具有非常漂亮的视觉效果，其鲜艳的色彩与直观的纹理相组合，营造出浪漫的氛围，使整体文字极具欣赏性，文字效果如图4.9所示。

图4.9 玫瑰花文字效果

操作步骤

01 在Adobe Firefly主页中单击【生成模板】区域，进入【Adobe Express】页面。

02 在跳转的【Adobe Express】页面中单击【生成式AI】按钮。

03 在页面下方的【文字效果】区域的文本框中输入“浪漫玫瑰花文字”，完成之后单击【生成】按钮，如图4.10所示。

图4.10 添加关键词

04 在生成的页面中，双击右侧的文字区域，更改文字信息，如图4.11所示。

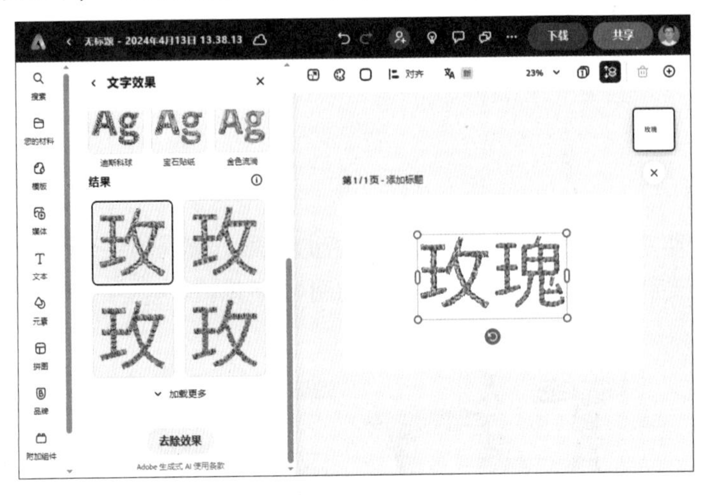

图4.11 更改文字

05 在【自定义文本样式】中选择【松散】，如图4.12所示。

06 在【效果示例】中单击【查看全部】，在出现的选项中选择【花卉】中的【粉色牡丹】，这样就完成了该文字效果的制作。最终效果如图4.13所示。

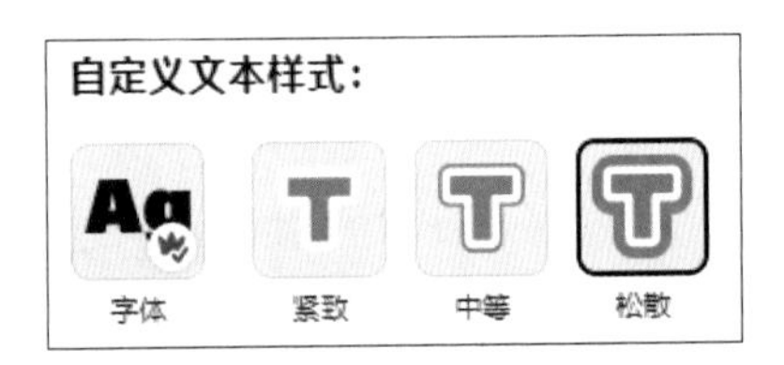

图4.12 更改自定义文本样式

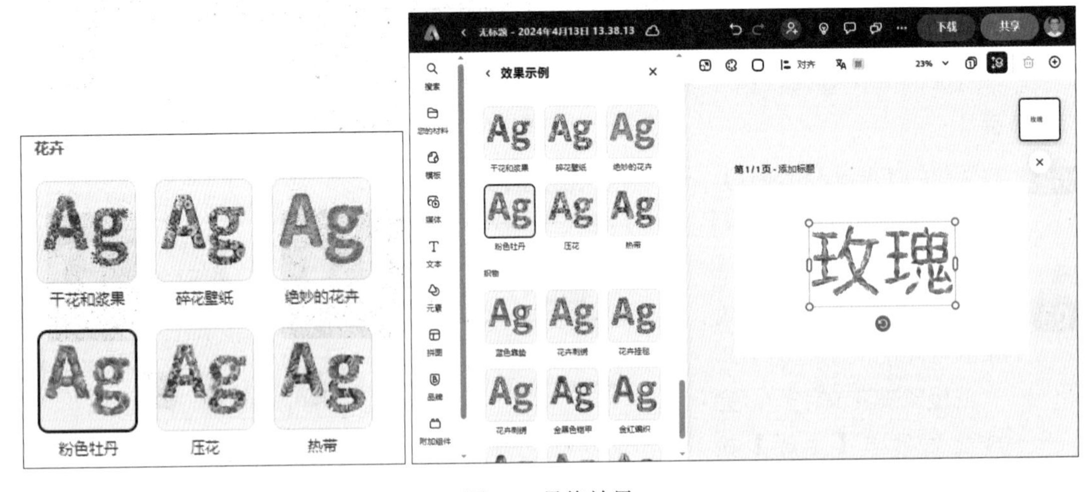

图4.13 最终效果

4.4 制作钛合金字

实例解析

钛合金是由钛与其他金属制成的多种合金金属。这种材料具有强烈的金属质感。在本例中，通过输入关键字并调整文本样式，可以直接生成漂亮的钛合金字效果，文字效果如图4.14所示。

图4.14 钛合金字效果

操作步骤

01 在Adobe Firefly主页中单击【生成模板】区域，进入【Adobe Express】页面。

02 在跳转的【Adobe Express】页面中单击【生成式AI】按钮。

03 在页面下方的【文字效果】区域的文本框中输入“钛合金字”，完成之后单击【生成】按钮，如图4.15所示。

图4.15 添加关键词

04 在生成的页面中，双击右侧的文字区域，更改文字信息，如图4.16所示。

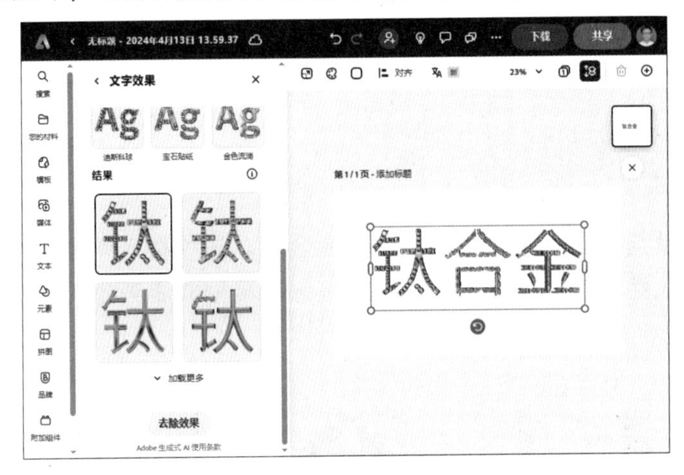

图4.16 更改文字

05 在【自定义文本样式】中选择【紧致】，如图4.17所示。

图4.17 更改自定义文本样式

06 在【结果】中选择一款金属样式，这样就完成了该文字效果的制作。最终效果如图4.18所示。

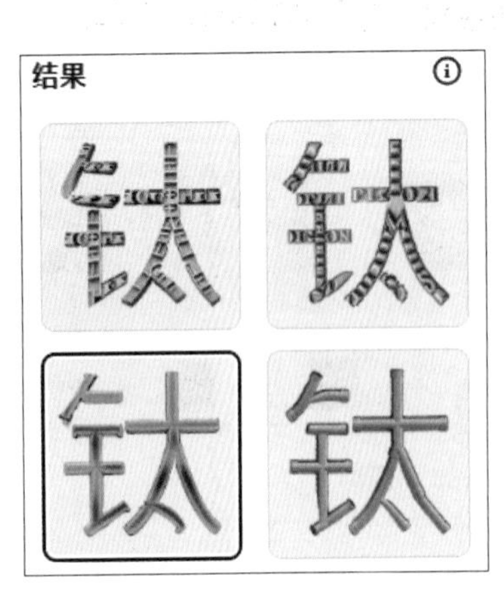

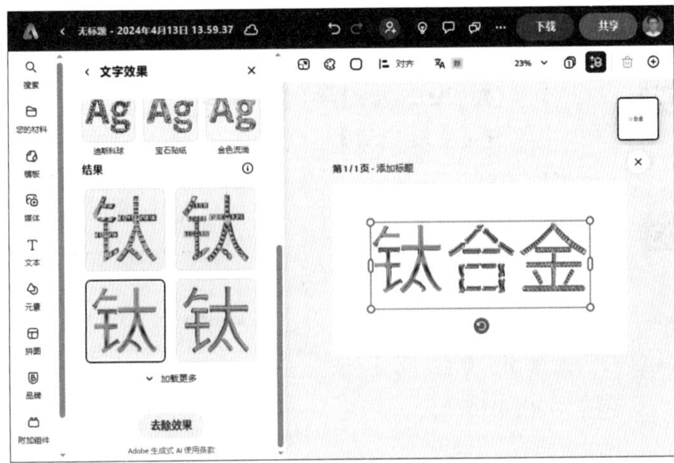

图4.18 最终效果

4.5 制作美味饼干字

实例解析

饼干是一种由谷类粉、水和其他原料烤制而成的食品，其外观易于辨认，并在视觉上呈现明显的纹理效果，文字效果如图4.19所示。

图4.19 饼干字效果

操作步骤

01 在Adobe Firefly主页中单击【生成模板】区域，进入【Adobe Express】页面。

02 在跳转的【Adobe Express】页面中单击【生成式AI】按钮。

03 在页面下方的【文字效果】区域的文本框中输入“美味的饼干字”，完成之后单击【生成】按钮，如图4.20所示。

图4.20 添加关键词

04 在生成的页面中，双击右侧文字区域，更改文字信息，如图4.21所示。

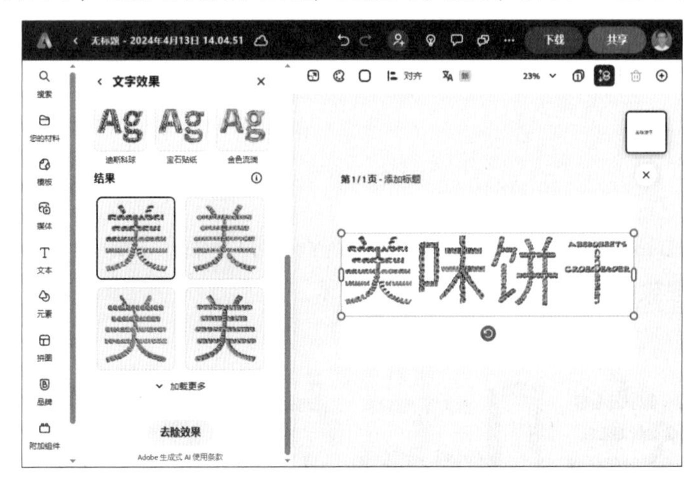

图4.21 更改文字

05 在【自定义文本样式】中选择【松散】，如图4.22所示。

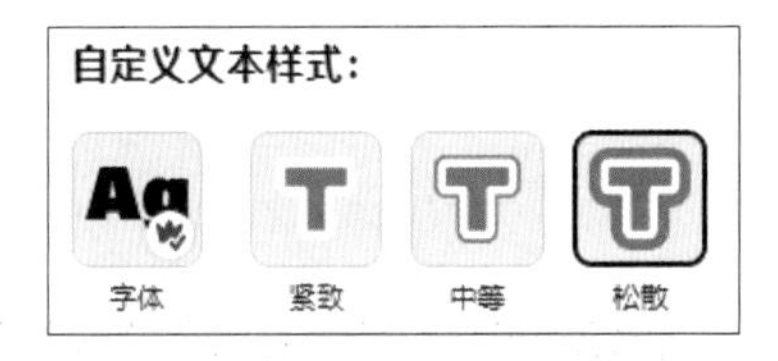

图4.22 更改自定义文本样式

06 在【结果】中选择一款饼干纹理，这样就完成了该文字效果的制作。最终效果如图4.23所示。

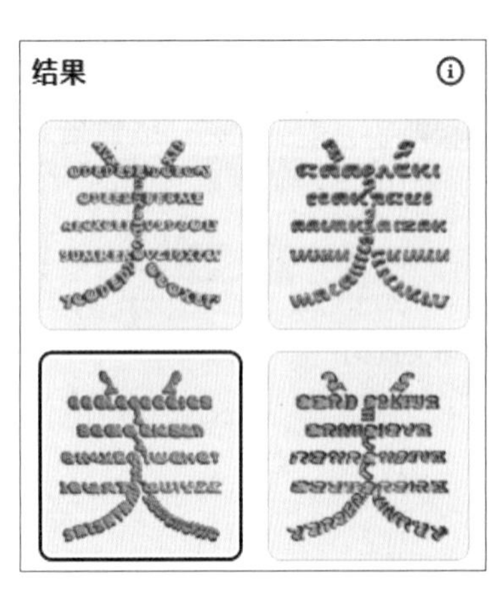

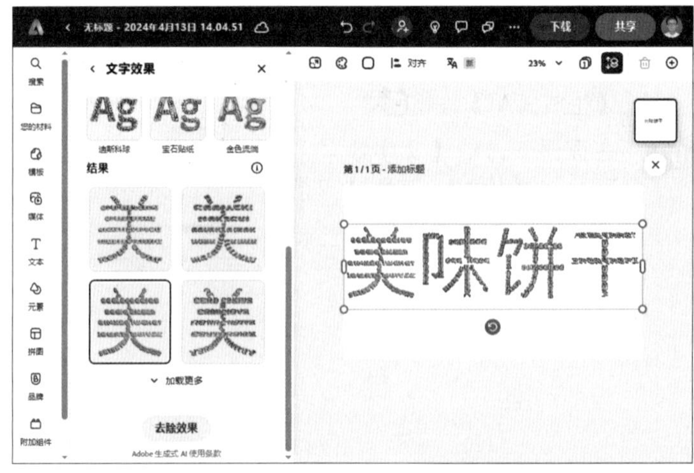

图4.23 最终效果

4.6 制作细腻光滑气球字

实例解析

气球字的外观通常比较细腻光滑，在本例中，气球字生成的过程中，通过输入特定关键字并选择合适的样式，即可轻松完成细腻光滑的气球字的制作，文字效果如　　图4.24所示。

图4.24　气球字效果

操作步骤

图4.25　添加关键词

01 在Adobe Firefly主页中单击【生成模板】区域，进入【Adobe Express】页面。

02 在跳转的【Adobe Express】页面中单击【生成式AI】按钮。

03 在页面下方的【文字效果】区域的文本框中输入“细腻光滑的气球文字”，完成之后单击【生成】按钮，如图4.25所示。

04 在生成的页面中，双击右侧的文字区域，更改文字信息，如图4.26所示。

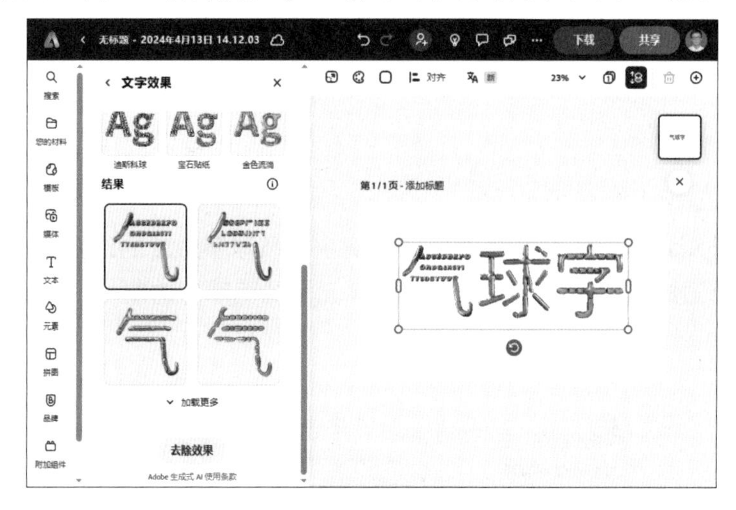

图4.26 更改文字

05 在【自定义文本样式】中选择【松散】，如图4.27所示。

图4.27 更改自定义文本样式

06 在【效果示例】中选择【气球】，这样就完成了该文字效果的制作。最终效果如图4.28所示。

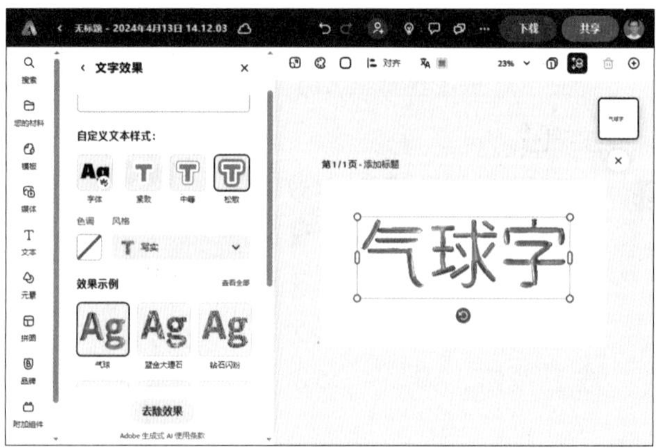

图4.28 最终效果

4.7 生成艺术化雕刻字

实例解析

雕刻是指用小刀或者其他工具在材料上加工以达到预期的形状。在本例中，雕刻字以经典的雕刻形式呈现，通过输入相应的关键词并选择适当的样式及风格，即可生成漂亮的艺术化雕刻字效果，文字效果如图4.29所示。

雕刻时光

图4.29 艺术化雕刻字效果

操作步骤

01 在Adobe Firefly主页中单击【生成模板】区域，进入【Adobe Express】页面。

02 在跳转的【Adobe Express】页面中单击【生成式AI】按钮。

03 在页面下方的【文字效果】区域的文本框中输入“艺术化雕刻字”，完成之后单击【生成】按钮，如图4.30所示。

图4.30 添加关键词

04 在生成的页面中，双击右侧的文字区域，更改文字信息，如图4.31所示。

图4.31 更改文字

05 在【自定义文本样式】中选择【紧致】，如图4.32所示。

06 在【风格】中选择【装饰】，如图4.33所示。

图4.32 更改自定义文本样式

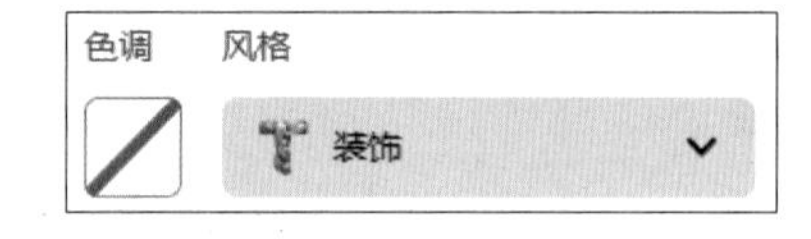

图4.33 选择风格

07 在【效果示例】中单击【查看全部】，在出现的选项中选择【绘画】中的【黑板】，这样就完成了文字效果的制作。最终效果如图4.34所示。

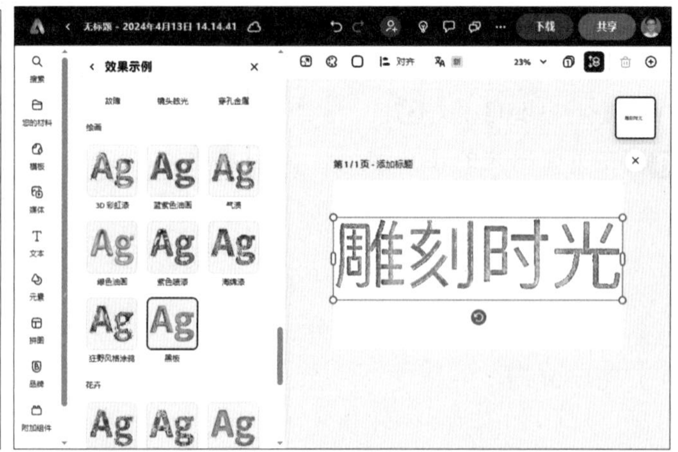

图4.34 最终效果

4.8 生成木头纹理字

实例解析

木头纹理是一种在日常生活中十分常见的纹理效果。在本例中，通过输入关键词并选择相应的效果示例，即可轻松生成具有漂亮木头纹理的文字效果，文字效果如图4.35所示。

图4.35 木头纹理字效果

操作步骤

01 在Adobe Firefly主页中单击【生成模板】区域，进入【Adobe Express】页面。

02 在跳转的【Adobe Express】页面中单击【生成式AI】按钮。

03 在页面下方的【文字效果】区域的文本框中输入“木头纹理字”，完成之后单击【生成】按钮，如图4.36所示。

图4.36 添加关键词

04 在生成的页面中，双击右侧的文字区域，更改文字信息，如图4.37所示。

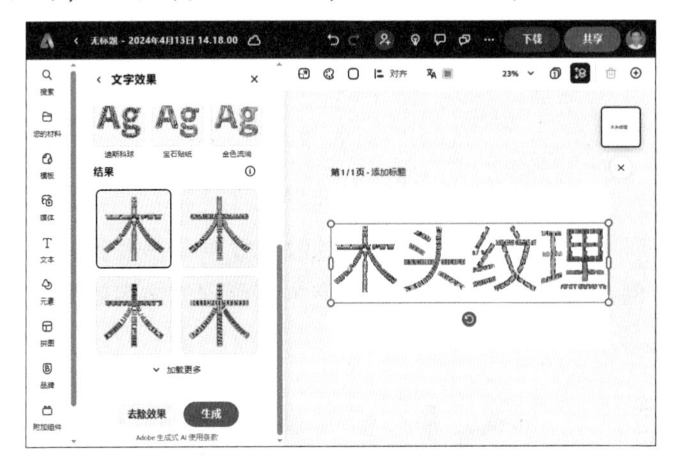

图4.37 更改文字

05 在【自定义文本样式】中选择【松散】，如图4.38所示。

06 在【效果示例】中单击【查看全部】，在出现的选项中选择【自然】中的木质，这样就完成了文字效果的制作。最终效果如图4.39所示。

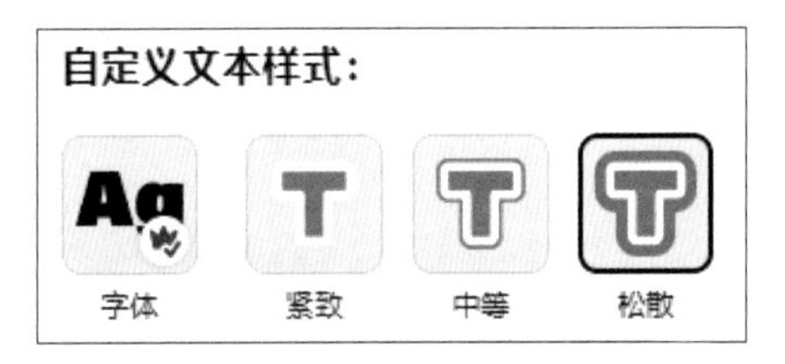

图4.38 更改自定义文本样式

图4.39 最终效果

4.9 制作焦糖字

实例解析

把普通糖熬制到一定温度，糖的颜色会发生改变，从而产生焦糖效果。在本例中，制作焦糖字相对简单，只需要输入简单的关键词即可成功制作出焦糖字效果，文字效果如图4.40所示。

图4.40 焦糖字效果

操作步骤

01 在Adobe Firefly主页中单击【生成模板】区域，进入【Adobe Express】页面。

02 在跳转的【Adobe Express】页面中单击【生成式AI】按钮。

03 在页面下方的【文字效果】区域的文本框中输入“彩色糖果字”，完成之后单击【生成】按钮，如图4.41所示。

图4.41 添加关键词

04 在生成的页面中，双击右侧的文字区域，更改文字信息，如图4.42所示。

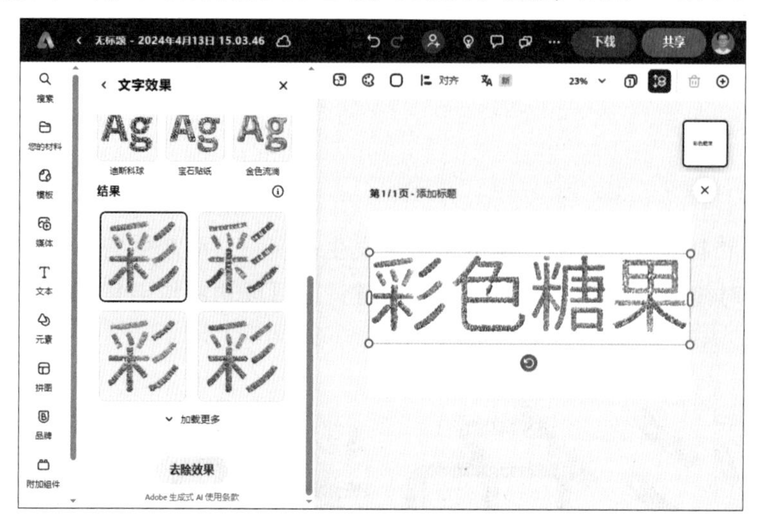

图4.42 更改文字

05 在【自定义文本样式】中选择【松散】，如图4.43所示。

06 在【效果示例】中单击【查看全部】，在出现的选项中选择【食物】中的【焦糖】，如图4.44所示。

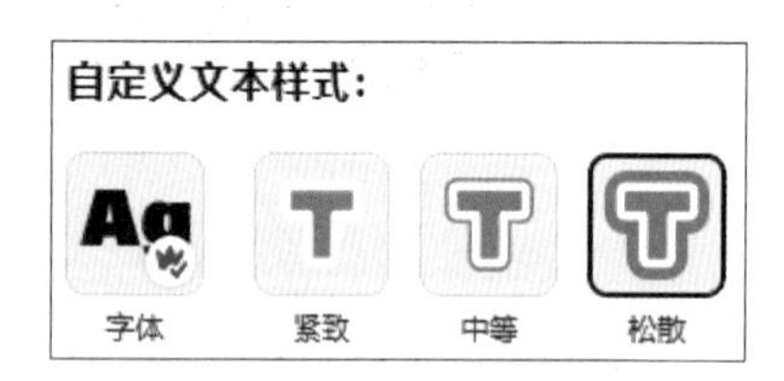

图4.43 更改自定义文本样式

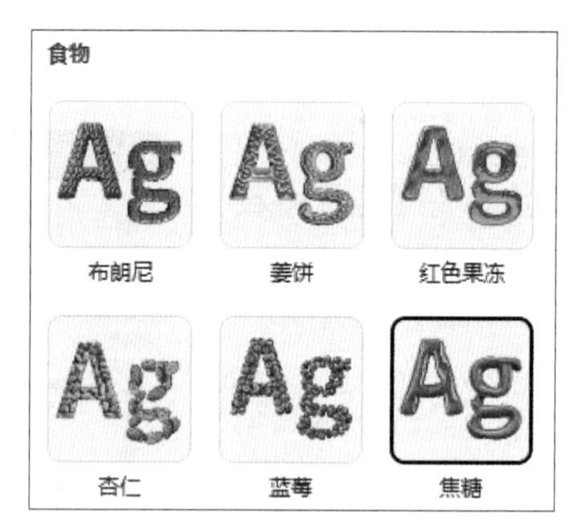

图4.44 选择纹理

07 在【结果】中选择一款样式，这样就完成了文字效果的制作。最终效果如图4.45所示。

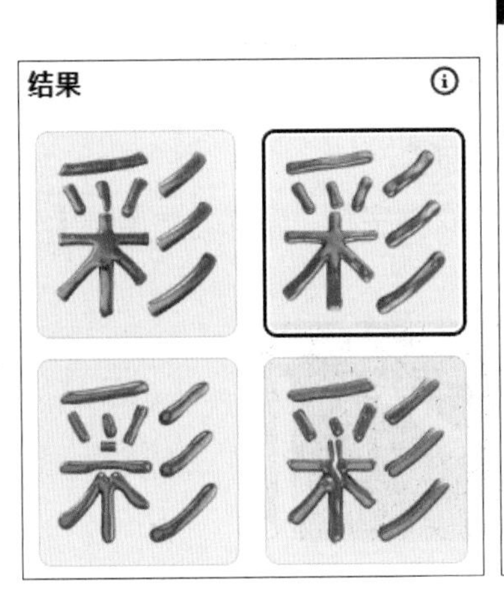

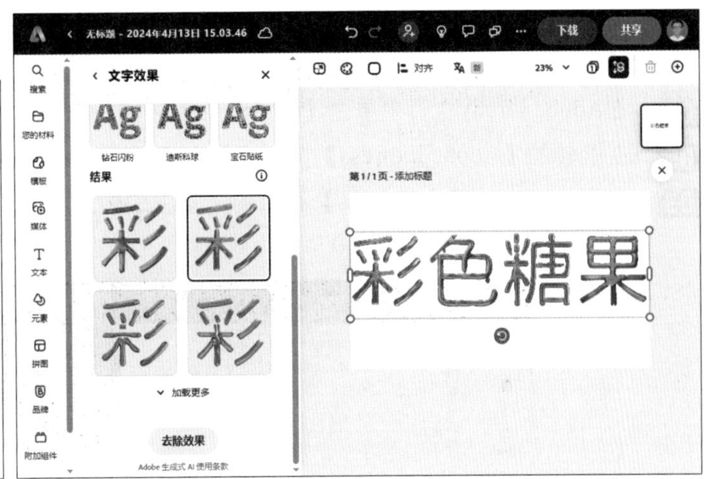

图4.45 最终效果

4.10 生成毛绒纹理字

实例解析

毛绒纹理的外观具有细腻而柔和的质感，给人以视觉上的舒适感，在本例中，生成毛绒纹理字时选用了效果示例中的彩虹毛皮，最终效果非常漂亮，文字效果如图4.46所示。

图4.46 毛绒纹理字效果

操作步骤

01 在Adobe Firefly主页中单击【生成模板】区域，进入【Adobe Express】页面。

02 在跳转的【Adobe Express】页面中单击【生成式AI】按钮。

03 在页面下方的【文字效果】区域的文本框中输入“毛绒纹理字”，完成之后单击【生成】按钮，如图4.47所示。

图4.47 添加关键词

04 在生成的页面中，双击右侧的文字区域，更改文字信息，如图4.48所示。

图4.48 更改文字

05 在【自定义文本样式】中选择【松散】，如图4.49所示。

图4.49 更改自定义文本样式

06 在【效果示例】中单击【查看全部】，在出现的选项中选择【动物】中的【彩虹毛皮】，这样就完成了文字效果的制作。最终效果如图4.50所示。

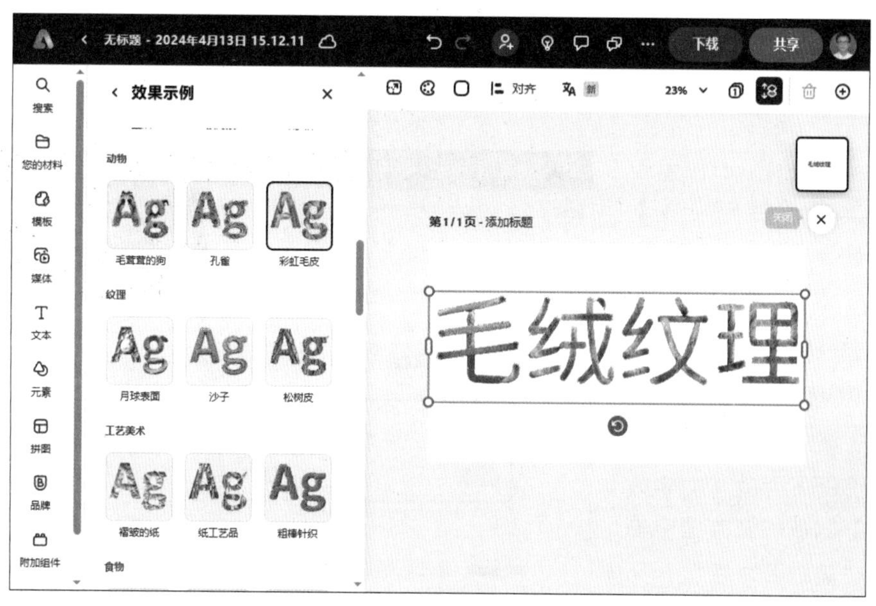

图4.50 最终效果

4.11 打造刺绣艺术字

实例解析

刺绣艺术是指使用针线编织成想要的图案或者文字。在本例中，打造刺绣艺术字的过程中，首先输入关键词，然后为其定义特定的文本样式，最后选择效果示例，即可生成漂亮的刺绣艺术字，文字效果如图4.51所示。

图4.51 刺绣艺术字效果

操作步骤

01 在Adobe Firefly主页中单击【生成模板】区域，进入【Adobe Express】页面。

02 在跳转的【Adobe Express】页面中单击【生成式AI】按钮。

03 在页面下方的【文字效果】区域的文本框中输入“刺绣艺术字”，完成之后单击【生成】按钮，如图4.52所示。

图4.52 添加关键词

04 在生成的页面中，双击右侧的文字区域，更改文字信息，如图4.53所示。

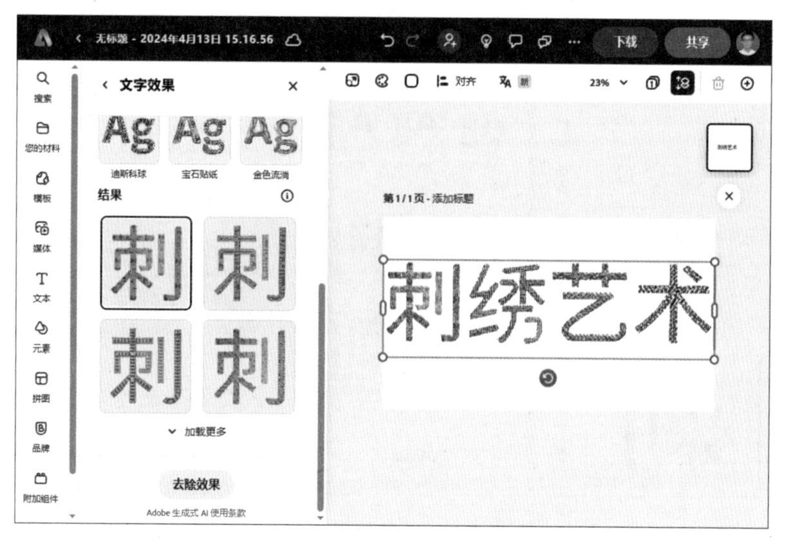

图4.53 更改文字

05 在【自定义文本样式】中选择【松散】，如图4.54所示。

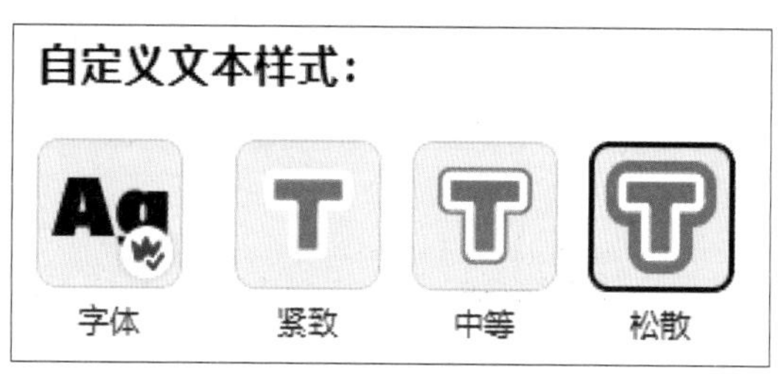

图4.54 更改自定义文本样式

06 在【效果示例】中单击【查看全部】，在出现的选项中选择【工艺美术】中的【粗棒针织】，如图4.55所示。

图4.55 选择效果示例

07 在【结果】中选择一款纹理，这样就完成了文字效果的制作。最终效果如图4.56所示。

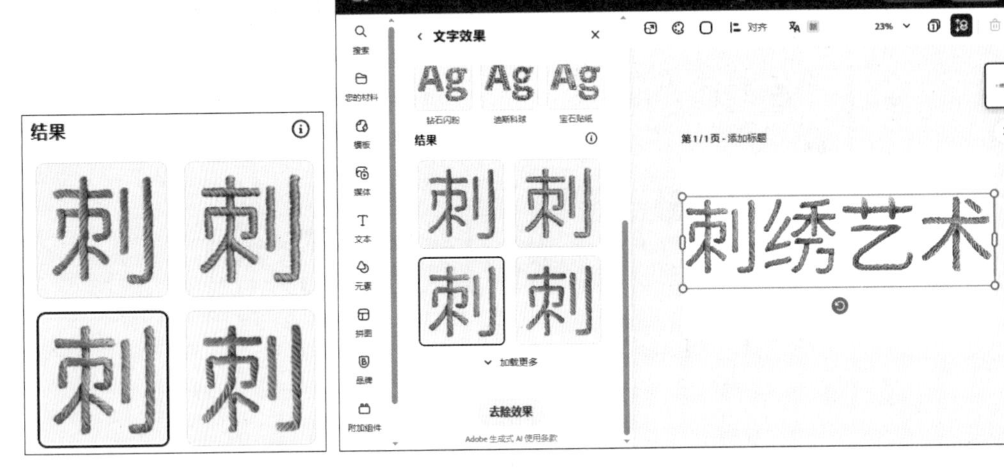

图4.56 最终效果

4.12 生成皮革纹理字

实例解析

皮革是指经过加工或者处理的动物毛皮，一般的皮革以深色为主。在本例中，皮革纹理字生成过程比较简单，在生成过程中为其选择特定风格，整体的视觉效果非常出色，文字效果如图4.57所示。

图4.57 皮革纹理字效果

操作步骤

01 在Adobe Firefly主页中单击【生成模板】区域，进入【Adobe Express】页面。

02 在跳转的【Adobe Express】页面中单击【生成式AI】按钮。

03 在页面下方的【文字效果】区域的文本框中输入“皮革纹理字”，完成之后单击【生成】按钮，如图4.58所示。

图4.58 添加关键词

04 在生成的页面中，双击右侧的文字区域，更改文字信息，如图4.59所示。

图4.59 更改文字

05 在【自定义文本样式】中选择【松散】，如图4.60所示。

06 将【风格】更改为【装饰】，如图4.61所示。

图4.60 更改自定义文本样式

图4.61 更改风格

07 在【结果】中选择一款纹理，这样就完成了文字效果的制作。最终效果如图4.62所示。

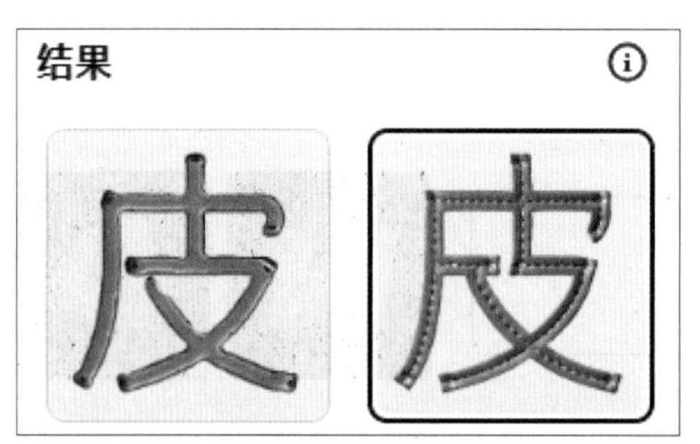

图4.62 最终效果

4.13 生成玻璃文字

实例解析

玻璃通常呈现出透明光滑的质感，玻璃有一般的透明玻璃，还有彩色玻璃，本例中玻璃文字的生成过程比较简单，首先在生成页中输入关键词，然后选择自定义文本样式，最后选择一款玻璃效果即可，文字效果如图4.63所示。

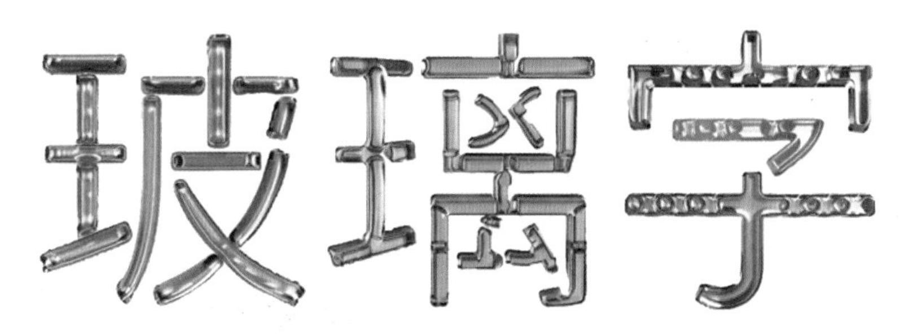

图4.63 玻璃文字效果

操作步骤

01 在Adobe Firefly主页中单击【生成模板】区域，进入【Adobe Express】页面。

02 在跳转的【Adobe Express】页面中单击【生成式AI】按钮。

03 在页面下方的【文字效果】区域的文本框中输入“玻璃字”，完成之后单击【生成】按钮，如图4.64所示。

图4.64 添加关键词

04 在生成的页面中，双击右侧的文字区域，更改文字信息，如图4.65所示。

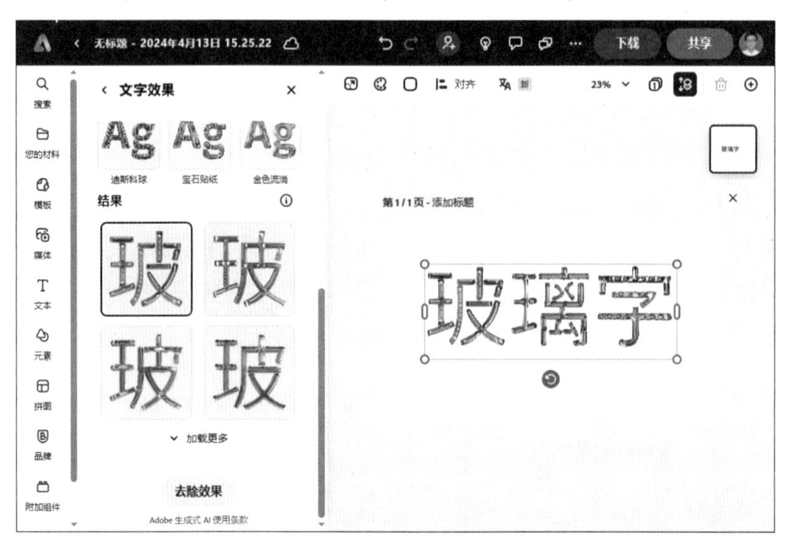

图4.65 更改文字

05 在【自定义文本样式】中选择【紧致】，如图4.66所示。

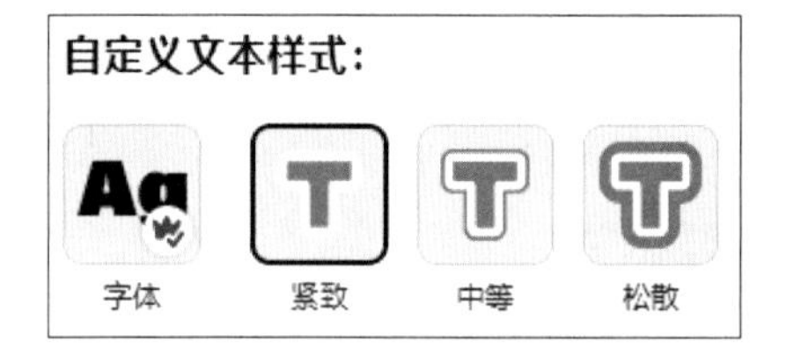

图4.66 更改自定义文本样式

06 在【结果】中选择一款玻璃效果，这样就完成了文字效果的制作。最终效果如图4.67所示。

图4.67 最终效果

4.14 生成细腻奶油字

实例解析

奶油字的外观比较细腻，本例中的奶油字是一款白色字体效果，在制作过程中输入关键词后，更改文字信息，最后在结果中选择一款纹理即可，文字效果如图4.68所示。

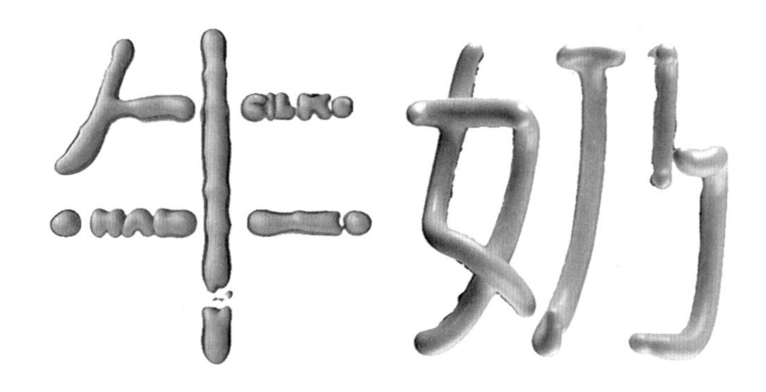

图4.68 奶油字效果

操作步骤

01 在Adobe Firefly主页中单击【生成模板】区域，进入【Adobe Express】页面。

02 在跳转的【Adobe Express】页面中单击【生成式AI】按钮。

03 在页面下方的【文字效果】区域的文本框中输入“牛奶字”，完成之后单击【生成】按钮，如图4.69所示。

图4.69 添加关键词

04 在生成的页面中，双击右侧的文字区域，更改文字信息，如图4.70所示。

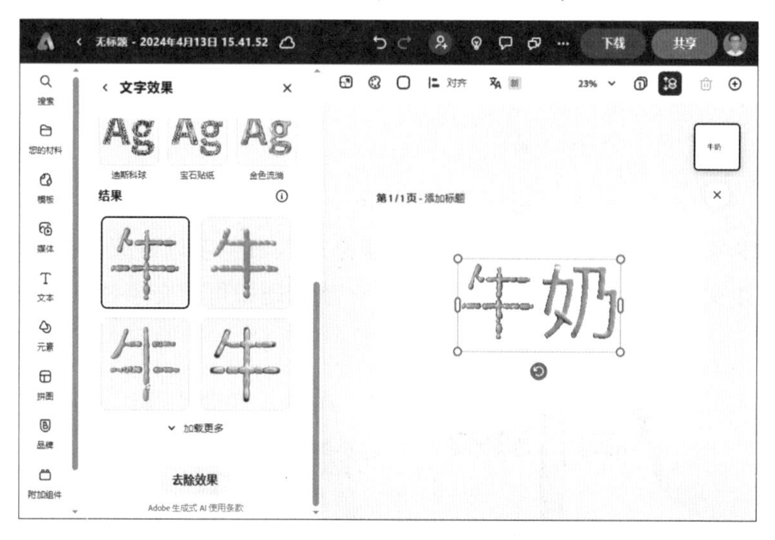

图4.70 更改文字

05 在【自定义文本样式】中选择【松散】，如图4.71所示。

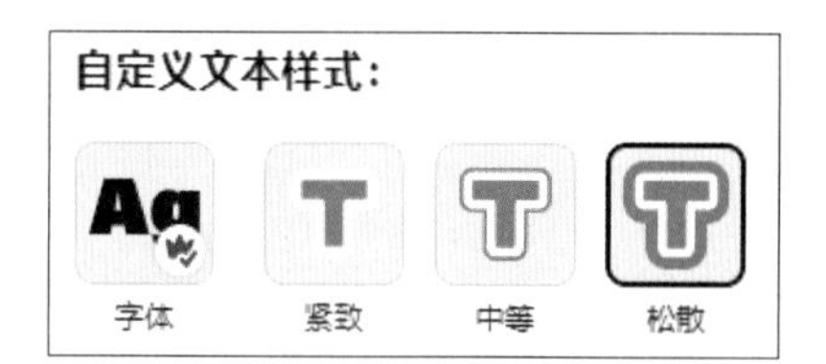

图4.71 更改自定义文本样式

06 在【结果】中选择一款奶油纹理，这样就完成了文字效果的制作。最终效果如图4.72所示。

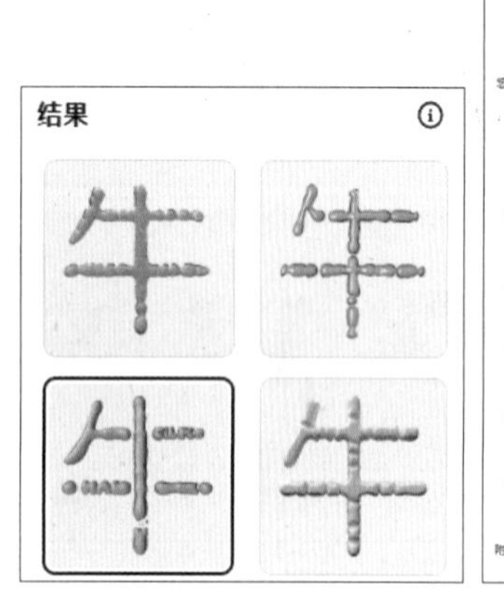

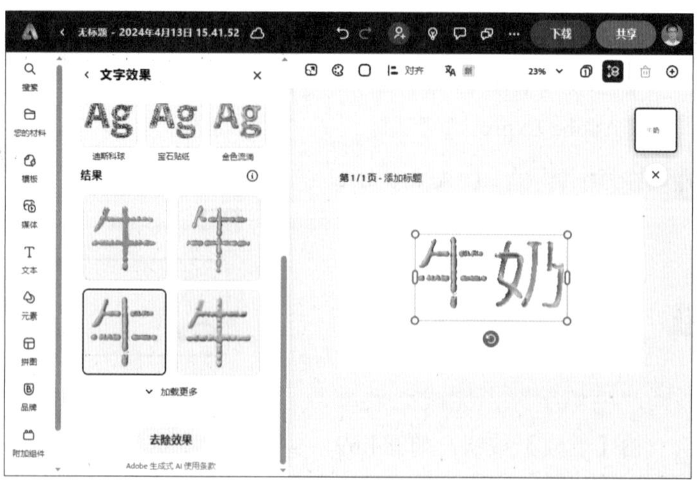

图4.72 最终效果

Adobe Firefly 萤火虫 AI绘画快速创意设计

第5章

Firefly在Photoshop AI中的特效应用

本章讲解Firefly在Photoshop AI中的特效应用。本章中的特效在Photoshop中完成，同时需要登录Adobe账号。其中一个重要的功能是创成式填充，实际上，这种功能是Firefly在这里的一个应用。通过对原图像进行调整，比如去除背景后，利用指定关键词生成新的图像。通过学习本章的内容，读者可以感受到Firefly与Photoshop结合带来的强大功能。

要点索引

- 学习“创建环境”的应用
- 学会“修整画面”的应用
- 掌握“调整颜色”的应用

5.1 “创建环境”的应用

5.1.1 实例——为毛毛虫换个背景

实例解析

换背景操作在“创建环境”的应用中十分常见。在本例中，可以观察到原图中毛毛虫的背景十分简单。通过创成式填充功能可以将其背景更换成一个自然的绿色背景。图像在换背景操作前后的对比效果如图5.1所示。

图5.1 毛毛虫换背景，图像在操作前后的对比效果

操作步骤

01 执行菜单栏中的【文件】→【打开】命令，选择【毛毛虫】文件，单击【打开】按钮。

02 单击底部属性栏上的【选择主体】按钮，将图像中的主体图像选中，如图5.2所示。

图5.2 选中主体图像

03 单击底部属性栏中的【反相选区】图标，将选区反向选择，如图5.3所示。

图5.3 反向选择

执行菜单栏中的【选择】→【反选】命令，同时可以反选。

04 单击底部属性栏中的【创成式填充】按钮，在出现的文本框中输入“花园背景”，完成之后单击【生成】按钮，如图5.4所示。

图5.4 生成新的图像

需要注意，只有当用户登录Adobe账户后，才可以使用【创成式填充】功能。

05 通过单击属性栏中的 › 图标，可查看另外两个新的图像效果，这样即可完成换背景操作，图像最终效果如图5.5所示。

图5.5 查看其他图像效果及最终效果

提示 Point out

生成新的图像之后，在【属性】面板中可以更改文字信息及选择想要的图像。

5.1.2 实例——为跑车打造街道夜景

实例解析

本例的制作过程与换背景类似，通过选中图像中的主体元素并利用创成式填充功能即可生成全新的背景图像。图像在操作前后的对比效果如图5.6所示。

图5.6 跑车图像在操作前后的对比效果

操作步骤

01 执行菜单栏中的【文件】→【打开】命令，选择【红色汽车】文件，单击【打开】按钮。

02 单击底部属性栏上的【选择主体】按钮，将图像中的主体图像选中，如图5.7所示。

图5.7 选中主体图像

03 选择工具箱中的【套索工具】，在汽车左上角区域按住Alt键将大厦图像从选区中减去，如图5.8所示。

图5.8 从选区中减去

04 单击底部属性栏中的【反相选区】图标，将选区反向选择，如图5.9所示。

图5.9 将选区反向选择

执行菜单栏中的【选择】→【反选】命令，同时可以反选。

05 单击底部属性栏中的【创成式填充】按钮，在出现的文本框中输入“街道夜景”，完成之后单击【生成】按钮，如图5.10所示。

图5.10 生成新的图像

06 通过单击属性栏中的 › 图标，可查看另外两个新的图像效果，这样即可完成换背景操作，最终效果如图5.11所示。

图5.11 最终效果

5.1.3 实例——替换成夕阳风光

实例解析

本例中的原图是一个雪山背景，天空中乌云密布，整个画面的基调偏冷。通过保留图像中的主体部分，并利用创成式填充功能，可以生成一个新的暖色调背景。图像在操作前后的对比效果如图5.12所示。

图5.12 图像在操作前后的对比效果

操作步骤

01 执行菜单栏中的【文件】→【打开】命令，选择【独木舟】文件，单击【打开】按钮。

02 单击底部属性栏上的【选择主体】按钮，将图像中的主体图像选中，如图5.13所示。

图5.13 选中主体图像

03 选择工具箱中的【快速选择工具】，在图像中按住Shift键单击部分区域，将部分图像添加到选区中，以同样方法再按住Alt键将部分图像从选区中减去，如图5.14所示。

图5.14 从选区中减去

04 单击底部属性栏中的【反相选区】图标，将选区反向选择，如图5.15所示。

图5.15 将选区反向选择

提示 Point out

执行菜单栏中的【选择】→【反选】命令，同时可以反选。

05 单击底部属性栏中的【创成式填充】按钮，在出现的文本框中输入“夕阳风光”，完成之后单击【生成】按钮，如图5.16所示。

图5.16 生成新的图像

06 通过单击属性栏中的 > 图标，可查看另外两个新的图像效果，这样即可完成换背景操作，图像最终效果如图5.17所示。

图5.17 最终效果

5.1.4 实例——为气球创建公园背景

实例解析

在这一实例中，气球的背景比较干净，同时画面中稍许有一些杂乱。通过将气球主体图像选中，并利用创成式填充功能，可以生成新的公园背景，为整个画面增添了漂亮的色彩。图像在操作前后的对比效果如图5.18所示。

图5.18 气球图像在操作前后的对比效果

操作步骤

01 执行菜单栏中的【文件】→【打开】命令，选择【彩色气球】文件，单击【打开】按钮。

02 单击底部属性栏上的【选择主体】按钮，将图像中的主体图像选中，如图5.19所示。

图5.19 选中主体图像

03 选择工具箱中的【套索工具】，在图像中左上角区域按住Shift键将部分图像添加到选区中，如图5.20所示。

图5.20 添加到选区中

04 单击底部属性栏中的【反相选区】图标，将选区反向选择，如图5.21所示。

图5.21 将选区反向选择

05 单击底部属性栏中的【创成式填充】按钮，在出现的文本框中输入“公园阳光”，完成之后单击【生成】按钮，如图5.22所示。

图5.22 生成新的图像

06 通过单击属性栏中的 > 图标，可查看另外两个新的图像效果，这样即可完成换背景操作，图像最终效果如图5.23所示。

图5.23 最终效果

5.2 “修整画面”的应用

5.2.1 实例——去除图像中的人物元素

实例解析

“修整画布”的应用在图像处理操作中仍然是十分常见的。通过利用生成式填充功能，可以快速地去除图像中不需要的部分。在本例中，由于人物的存在而影响到了原图中的部分元素，将人物去除之后，可以直接观察图像的效果。图像在操作前后的对比效果如图5.24所示。

图5.24 图像在去除人物操作前后的对比效果

操作步骤

01 执行菜单栏中的【文件】→【打开】命令，选择【小公园】文件，单击【打开】按钮。

02 选择工具箱中的【套索工具】，在图像中的人物周围绘制一个不规则选区，将其选中，如图5.25所示。

图5.25 选中人物图像

03 单击底部属性栏中的【生成式填充】按钮，在出现的文本框中输入“去除人物”，完成之后单击【生成】按钮，这样就完成了去除人物操作，图像最终效果如图5.26所示。

图5.26 最终效果

5.2.2 实例——扩展双胞胎照片

实例解析

本例原图中的双胞胎照片不太完整，整个照片看起来像是缺少了一部分。通过扩展图像，并利用创成式填充功能，可以将双胞胎照片完整显示出来。图像在操作前后的对比效果如图5.27所示。

图5.27 扩展双胞胎图像，操作前后的对比效果

操作步骤

01 执行菜单栏中的【文件】→【打开】命令，选择【双胞胎】文件，单击【打开】按钮，如图5.28所示。

图5.28 打开图像

02 选择工具箱中的【裁剪工具】，向右侧拖动裁剪框右侧的控制点，如图5.29所示。

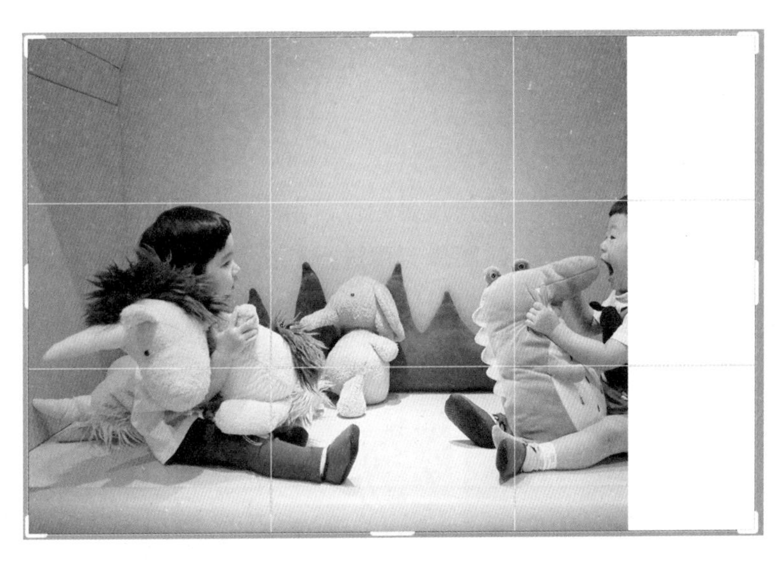

图5.29 选中人物图像

03 拖动控制框完成之后，按Enter键确认，系统将自动补全图像中扩充的部分，这样就完成了扩展照片操作，图像最终效果如图5.30所示。

图5.30 最终效果

单击底部属性栏上的【生成】按钮，也可以执行扩展图像操作。

5.2.3 实例——修整画面视角

实例解析

本例中的原图是一处城市中的运河风景图像，由于拍摄视角的原因，构图不够饱满。在利用【裁剪工具】对图像宽度进行扩充之后，系统将自动补全完整的画面图像。图像在操作前后的对比效果如图5.31所示。

图5.31 扩充运河风景图像，操作前后的对比效果

操作步骤

01 执行菜单栏中的【文件】→【打开】命令，选择【城市河流】文件，单击【打开】按钮，如图5.32所示。

图5.32 打开图像

02 选择工具箱中的【裁剪工具】，分别向左及向右侧拖动裁剪框右侧的控制点，如图5.33所示。

图5.33 拖动控制点

03 拖动控制框完成之后，按Enter键确认，系统将自动补全图像中扩充的部分，这样就完成了扩展照片操作，图像最终效果如图5.34所示。

图5.34 最终效果

5.2.4 实例——去除画面中部分元素

实例解析

假如图像中有不想要的元素，可以利用绘制选区选取不需要的元素，并利用创成式填充功能，输入“去除”二字即可将所选元素完美去除，同时不会损失图像。图像在操作前后的对比效果如图5.35所示。

图5.35 去除部分元素，图像在操作前后的对比效果

操作步骤

01 执行菜单栏中的【文件】→【打开】命令，选择【户外】文件，单击【打开】按钮。

02 选择工具箱中的【套索工具】，在图像中人物周围绘制一个不规则选区，将其选中，按住Shift键在帐篷区域再绘制一个不规则选区，将其添加到选区中，如图5.36所示。

图5.36 选中人物图像

03 单击底部属性栏中的【创成式填充】按钮，在出现的文本框中输入“去除”，完成之后单击【生成】按钮，这样就完成了去除人物操作，图像最终效果如图5.37所示。

图5.37 最终效果

5.3 “调整颜色”的应用

5.3.1 实例——打造电影级色调

实例解析

常见的电影调色风格有复古调色、油画风调色、冷暖色调以及对比风调色等，不同的风格对应着不同的电影类型。本例中的图像是一栋建筑前的跑车。通过添加预设中的颜色模型，可以制作出漂亮的高对比度颜色。图像在操作前后的对比效果如图5.38所示。

图5.38 打造电影级色调，图像在操作前后的对比效果

操作步骤

01 执行菜单栏中的【文件】→【打开】命令，选择【场景】文件，单击【打开】按钮。

02 单击底部属性栏上的【创建新的调整图层】◐图标，在打开的【调整】面板中，单击【调整预设】中的第2个【电影–分离色调】选项，这样即可完成电影级色调调整，图像最终效果如图5.39所示。

图5.39 最终效果

5.3.2 实例——调出黑白色调

实例解析

有时想将一幅彩色图像调出黑白效果，这种操作比较简单，利用Photoshop中的调色命令即可完成。然而，在其内置的AI特效中，还可以通过选择【调整】面板中的黑白命令将图像调成黑白色调。图像在操作前后的对比效果如图5.40所示。

图5.40 调出黑白色调，图像在操作前后的对比效果

操作步骤

01 执行菜单栏中的【文件】→【打开】命令，选择【积木】文件，单击【打开】按钮。

02 单击底部属性栏上的【创建新的调整图层】◐图标，在打开的【调整】面板中，单击【调整预设】中的【黑色】选项组中第2个【浑厚】选项，这样即可完成黑白色调调整，图像最终效果如图5.41所示。

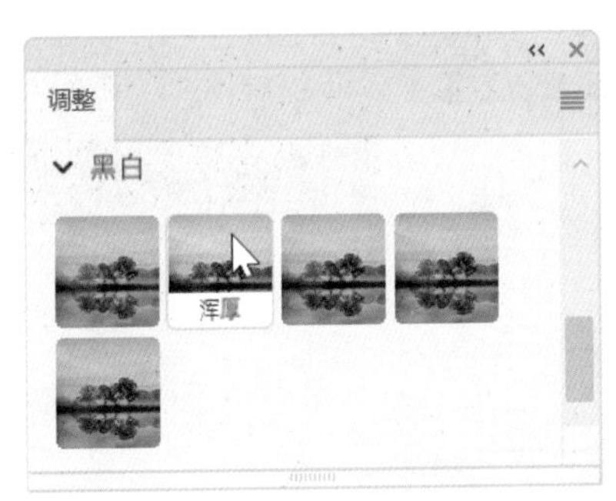

图5.41　最终效果

5.3.3　实例——为照片调出文艺色调

实例解析

文艺色调讲究轻质感、低对比度、高明度。以往直接在Photoshop中调整出文艺色调的步骤稍显烦琐。现在可以充分利用【调整】面板中的内置颜色模型，一步调出文艺色调。图像在操作前后的对比效果如图5.42所示。

图5.42　调出文艺色调，图像在操作前后的对比效果

操作步骤

01 执行菜单栏中的【文件】→【打开】命令，选择【野炊】文件，单击【打开】按钮。

02 单击底部属性栏上的【创建新的调整图层】◐图标，在打开的【调整】面板中，单击【调整预设】中的【更多】，再展开【风景】选项组，选择【褪色】选项，这样即可完成文艺色调调整，图像最终效果如图5.43所示。

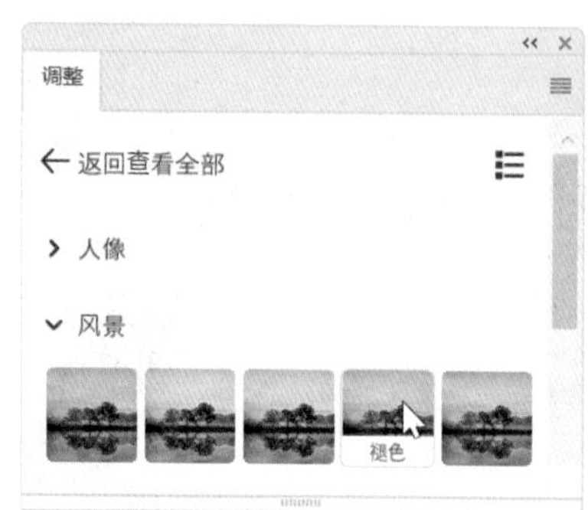

图5.43 最终效果

5.3.4 实例——调出森系色调照片

实例解析

森系色调通常以大地和自然的颜色为主，人物的皮肤偏白，而自然中的绿色更加明亮。森系色调将人物与自然背景的颜色融合起来，整个照片给人一种全新的视觉感受。在本例中，直接选取内置的预设颜色即可调出森系色调。图像在操作前后的对比效果如图5.44所示。

图5.44 调出森系色调，图像在操作前后的对比效果

操作步骤

01 执行菜单栏中的【文件】→【打开】命令，选择【森系照片】文件，单击【打开】按钮。

02 单击底部属性栏上的【创建新的调整图层】◐图标，在打开的【调整】面板中，单击【调整预设】中的【更多】，再展开【人像】选项组，选择【忧郁蓝】选项，这样即可完成森系色调效果调整，图像最终效果如图5.45所示。

图5.45 最终效果

提示 Point out

单击相应的颜色选项多次，可重复叠加颜色效果。

5.3.5 实例——制作单色调照片

实例解析

单色调与黑白色的最大区别在于，单色调仍然保留有彩色像素，但在视觉上给人一种黑白的错觉。单色调是指将图像中所有的颜色归结为一种颜色。本例的图像调整过程与前几幅图像的调色操作类似，通过一个预设命令即可调整出单色调效果。图像在操作前后的对比效果如图5.46所示。

图5.46 单色调调整，图像在操作前后的对比效果

操作步骤

01 执行菜单栏中的【文件】→【打开】命令，选择【城市夜景】文件，单击【打开】按钮。

02 单击底部属性栏上的【创建新的调整图层】◐图标，在打开的【调整】面板中，单击【调整预设】中的【更多】，再展开【黑白】选项组，选择【冷色】选项，这样即可完成单色调效果调整，图像最终效果如图5.47所示。

图5.47 图像最终效果

第6章

Firefly拓展之Express的应用

本章讲解Firefly扩展之Express的应用。Express的功能与Firefly有交叉，但它也有自己的特点，比如对社交图像的处理、对文档的处理等。通过学习本章的内容，读者可以更加高效地处理在线图像。

要点索引

- 了解“社交图像处理”的应用
- 掌握“文档处理”的应用

6.1 “社交图像处理”的应用

6.1.1 实例——去除照片背景

实例解析

以往去除照片背景的操作通常在Photoshop中进行，而如今通过利用Adobe Express的独有功能，可以快速地将照片背景去除。其操作过程非常简单，只需将原图上传即可，程序将自动去除图像背景。图像在操作前后的对比效果如图6.1所示。

图6.1 图像在去除背景操作前后的对比效果

操作步骤

01 在Adobe Express首页中单击页面上方的【照片】图标，进入照片编辑页面。

02 在【照片快速操作】功能区域中单击【去除背景】，打开【移除背景】页面，如图6.2所示。

03 单击【拖放图像或者浏览】按钮，选择【小猫】文件，单击【打开】按钮，上传图像，如图6.3所示。

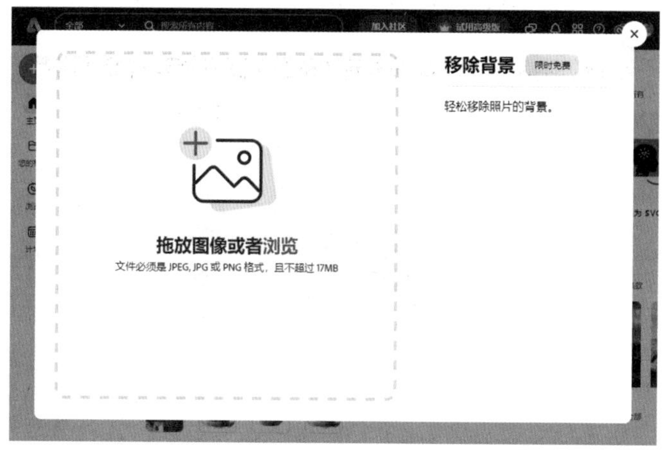

图6.2 打开【移除背景】页面

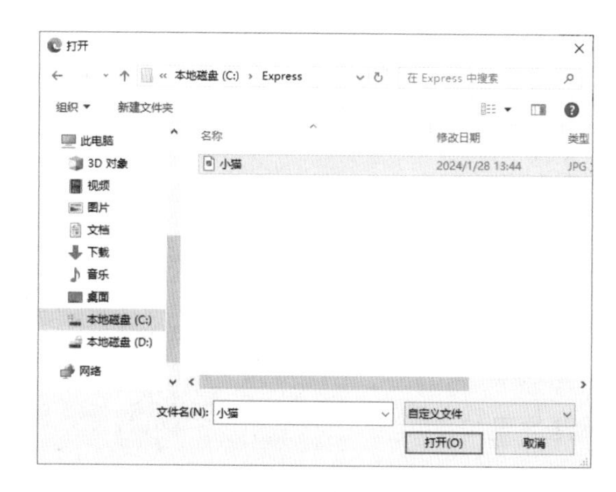

图6.3 上传图像

04 上传成功之后，程序将自动去除图像中的背景，如图6.4所示。

图6.4 上传图像并去除背景

05 完成之后单击【下载】按钮，即可将去除背景后的图像下载至本地，或者单击【在编辑器中打开】，对图像进一步编辑处理，比如调整图像中主体物体大小等操作，这样即可完成图像背景去除操作，图像最终效果如图6.5所示。

图6.5 最终效果

6.1.2 实例——调整图像大小适配手机屏幕

实例解析

在移动媒体中，有时需要将图像的大小与手机屏幕完美匹配。在Adobe Express中，可以快速完成这种操作。图像在操作前后的对比效果如图6.6所示。

图6.6 调整图像大小适配手机屏幕，图像在操作前后的对比效果

操作步骤

01 在Adobe Express首页中单击页面上方的【照片】图标，进入照片编辑页面。

02 在【照片快速操作】功能区域中单击【调整图像大小】，打开【调整图像大小】页面，如图6.7所示。

图6.7 打开【调整图像大小】页面

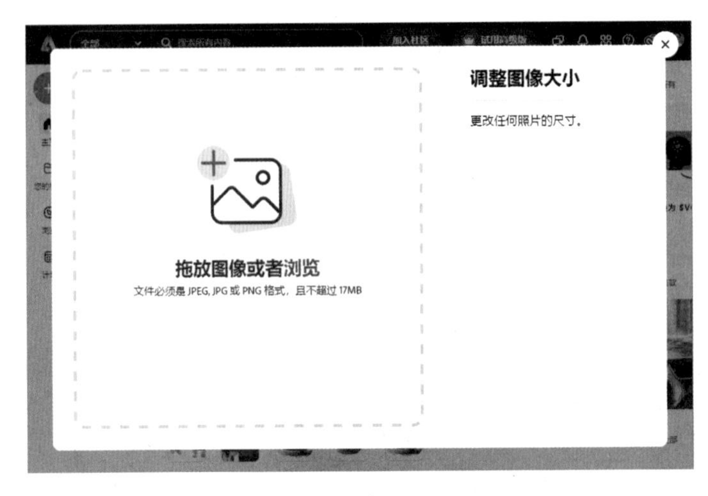

图6.7 打开【调整图像大小】页面（续）

03 单击【拖放图像或者浏览】按钮，选择【番茄】文件，单击【打开】按钮，上传图像，如图6.8所示。

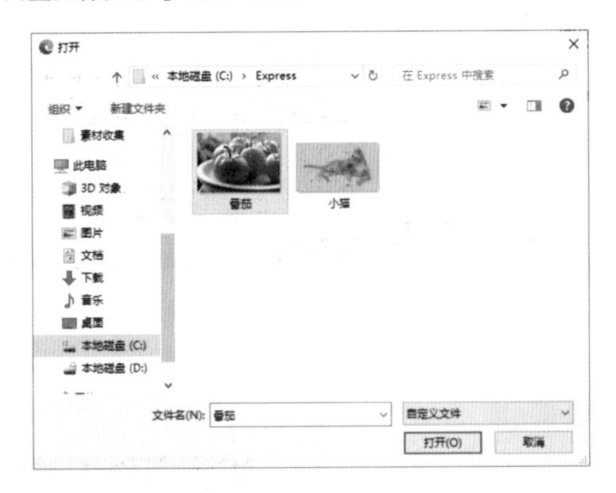

图6.8 选择图像

04 在【调整大小以适合】中选择【标准】，如图6.9所示。

05 单击下方的iPhone预览图区域，如图6.10所示。

图6.9 选择大小

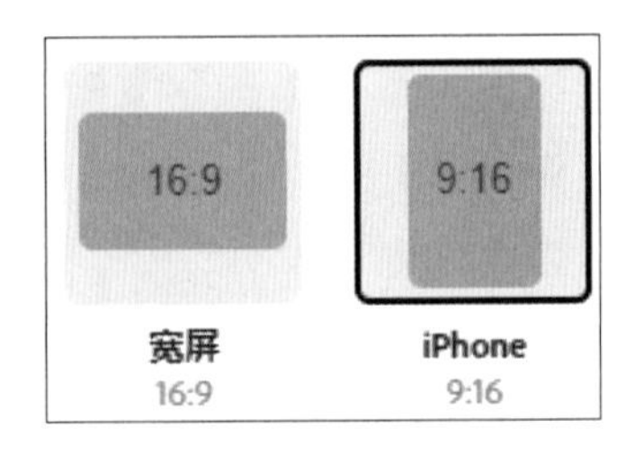

图6.10 单击预览图

06 完成之后单击【下载】按钮，即可将去除背景后的图像下载到本地，或者单击【在编辑器中打开】，对图像进一步编辑处理，比如调整图像中的主体物体大小等操作，这样即可完成图像背景去除操作，最终效果如图6.11所示。

图6.11 最终效果

6.1.3 实例——转换图片格式

实例解析

在不同的图像处理过程中，需要不同格式的图像以适应后期需要。通过转换格式可以快速生成自己想要的图像格式。在本例中，是将一幅PNG透明图像快速转换为JPG格式。图像在格式转换前后的对比效果如图6.12所示。

图6.12 图像在格式转换前后的对比效果

操作步骤

01 在Adobe Express首页中单击页面上方的【照片】图标，进入照片编辑页面。

02 在【照片快速操作】功能区域中单击【转换为JPG】，打开【转换为JPG】页面，如图6.13所示。

图6.13 打开【转换为JPG】页面

03 单击【拖放图像或者浏览】按钮，选择【玫瑰.png】文件，单击【打开】按钮，上传图像，如图6.14所示。

04 完成之后单击【下载】按钮，即可将转换格式图像下载至本地，或者单击【在编辑器中打开】，对图像进一步编辑处理，比如调整图像中的主体物体大小等操作，这样即可完成图片格式转换操作，最终效果如图6.15所示。

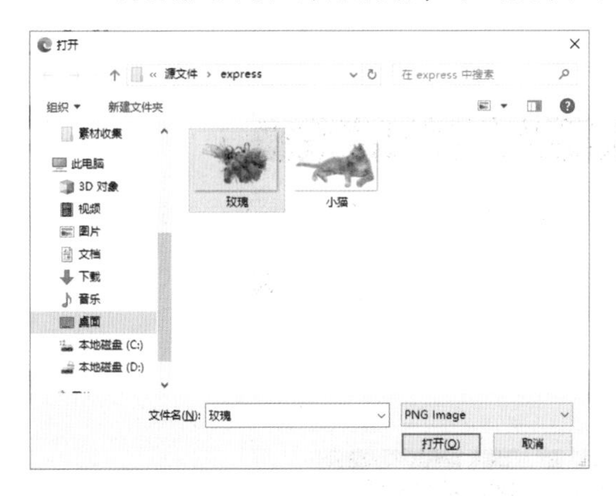

图6.14 选择图像

图6.15 最终效果

6.1.4 实例——对图片进行裁切

实例解析

由于构图的需要，在某些图像中，需要对其进行裁切才可以使用，在Adobe Express中可以通过上传原图，将其打开之后，通过拖动控制框对图像进行二次构图，裁切出自己喜欢的图像。图像在裁切前后的对比效果如图6.16所示。

图6.16 图像在裁切前后的对比效果

操作步骤

01 在Adobe Express首页中单击页面上方的【照片】图标，进入照片编辑页面。

02 在【照片快速操作】功能区域中单击【查看所有】，在【照片】功能选项中单击【裁切图像】，如图6.17所示。

图6.17 选择裁切图像

03 在打开的【裁切图像】页面中，单击【拖放图像或者浏览】按钮，选择【早餐】文件，单击【打开】按钮，上传图像，如图6.18所示。

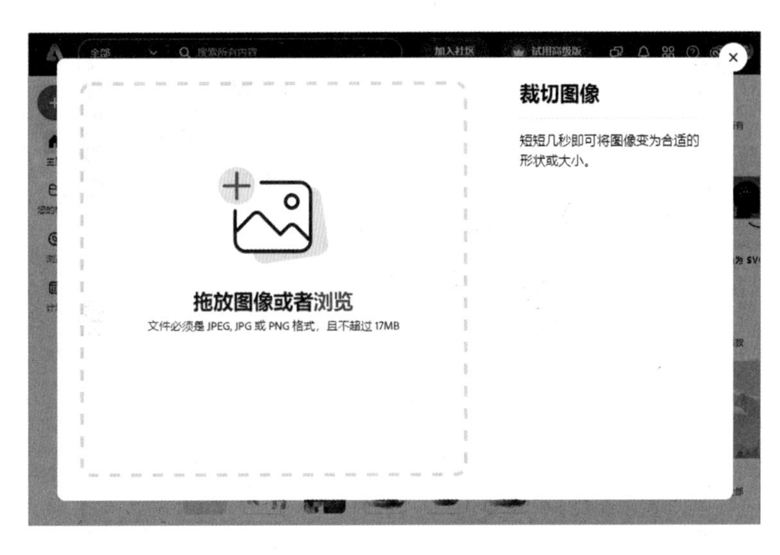

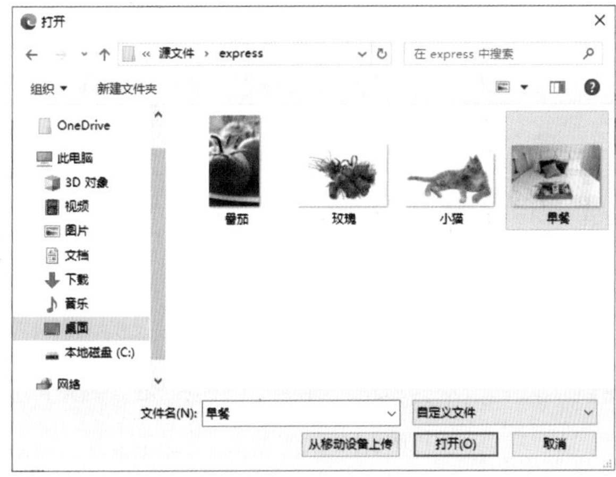

图6.18 上传要裁切的图像

04 上传成功之后，通过拖动控制框选择想要保留的图像区域，完成之后单击【下载】按钮，即可将裁切后的图像下载至本地，这样就完成了效果制作，最终效果如图6.19所示。

单击【在编辑器中打开】按钮，可以对图像进一步编辑。

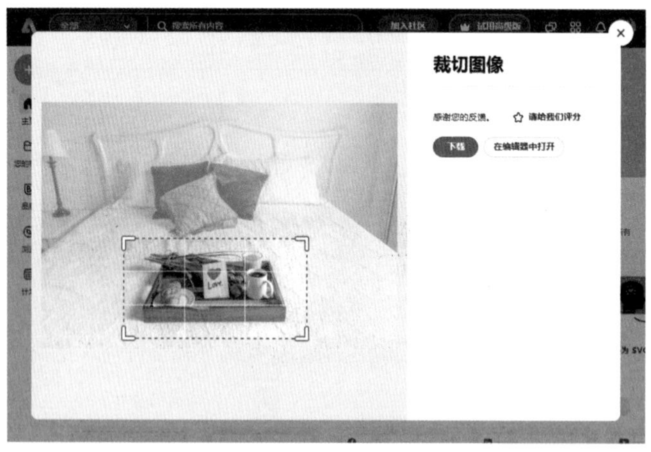

图6.19 最终效果

6.2 "文档处理"的应用

6.2.1 实例——将文档转换为PDF

实例解析

由于办公的需要，需要对文档格式进行转换以适应不同的需求，比如将文档转换为

PDF格式。在本例中，可以通过上传文档，直接将其转换为PDF格式后下载至本地。

操作步骤

01 在Adobe Express首页中单击页面上方的【文档】图标，进入文档处理页面。

02 在文档处理页面中下拉可以看到【文档快速操作】，单击【转换为PDF】预览图，打开【转换为PDF】页面，如图6.20所示。

图6.20 打开【转换为PDF】页面

03 在【转换为PDF】页面中选择【万里长城】文件，单击【打开】按钮，上传文件，上传完成之后系统将自动创建PDF文件，如图6.21所示。

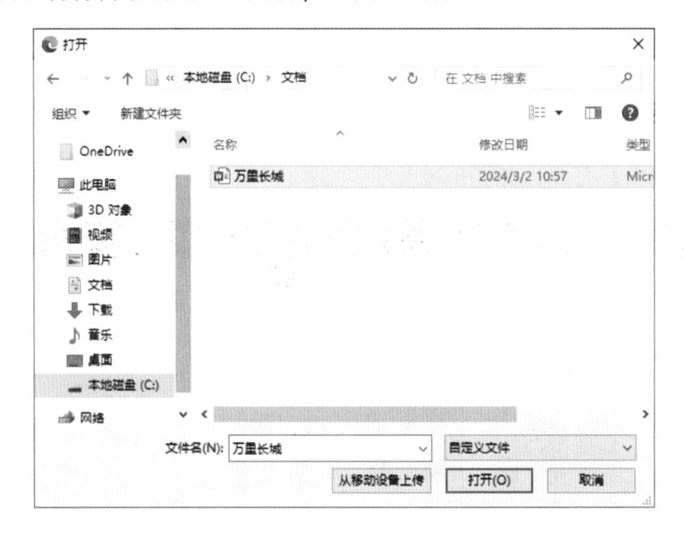

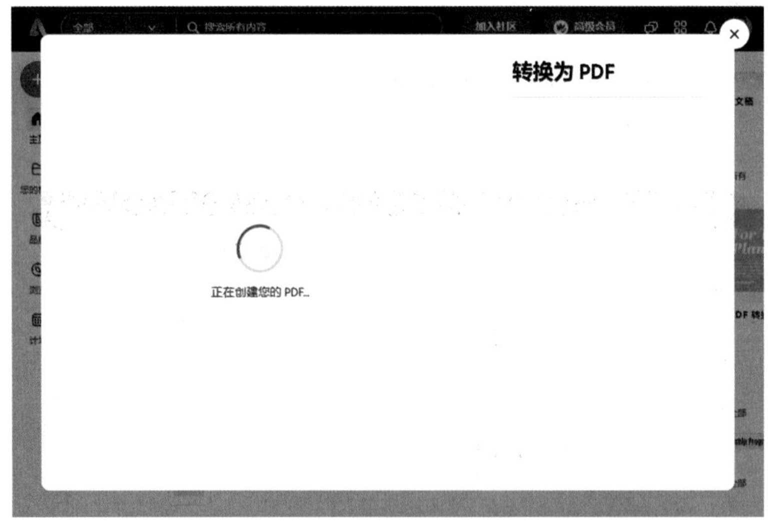

图6.21 创建PDF文件

04 创建完成之后，单击【下载】按钮，即可将转换成功后的文件下载至本地，这样就完成了文件转换操作，最终效果如图6.22所示。

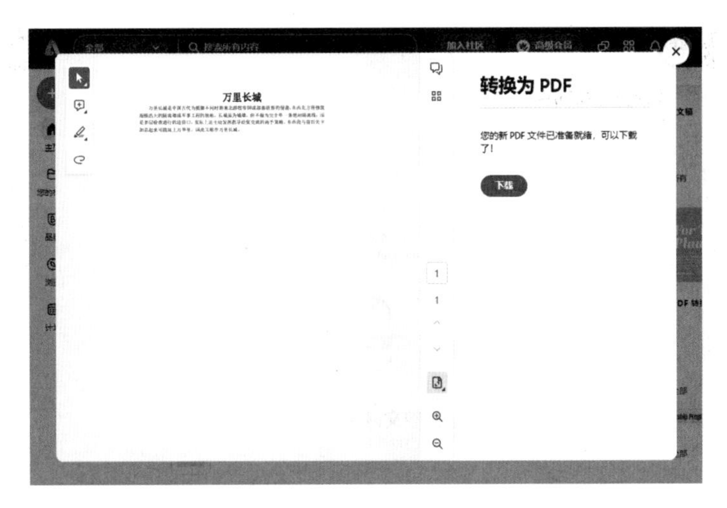

图6.22 最终效果

6.2.2 实例——编辑PDF

实例解析

有时候需要对PDF进行编辑操作，比如添加文字、增加图片等。在Adobe Express中，可以通过上传PDF文件，快速完成PDF的编辑操作。

操作步骤

01 在Adobe Express首页中单击页面上方的【文档】图标，进入文档处理页面。

02 在文档处理页面中下拉可以看到【文档快速操作】，单击【编辑PDF】预览图，打开【编辑文字和图片】页面，如图6.23所示。

图6.23 打开【编辑文字和图片】页面

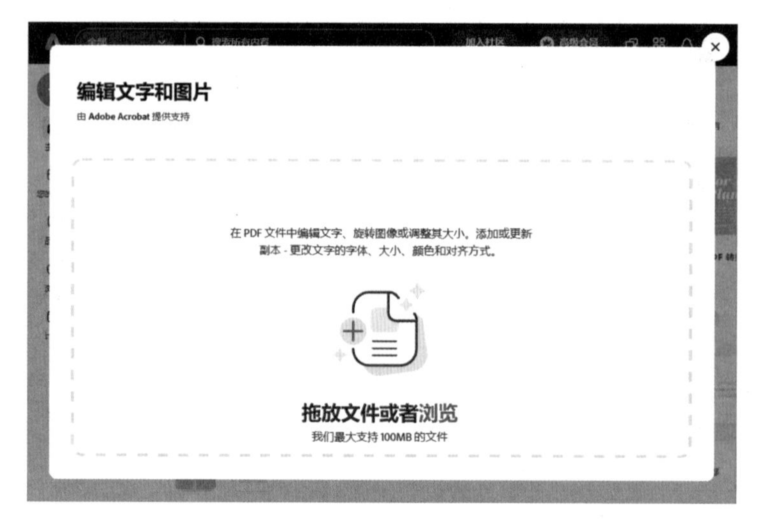

图6.23 打开【编辑文字和图片】页面（续）

03 单击【拖放文件或者浏览】按钮，选择【苹果树】文件，单击【打开】按钮，上传文件，上传成功后在当前页中将直接显示文档内容，如图6.24所示。

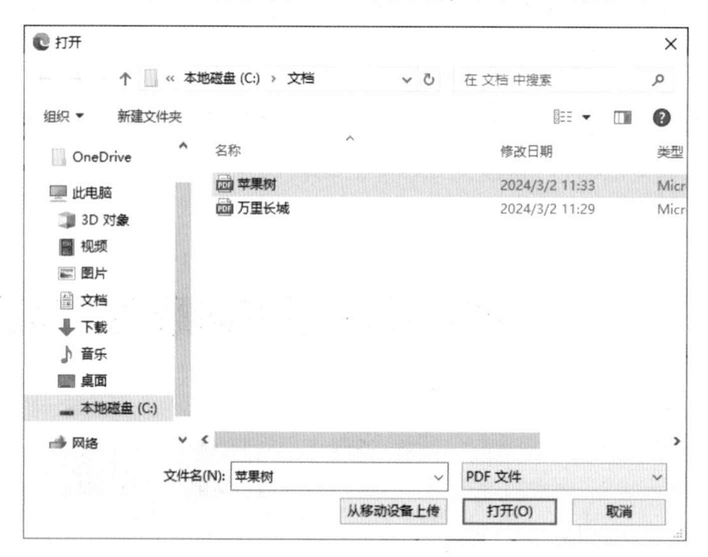

图6.24 上传PDF文档

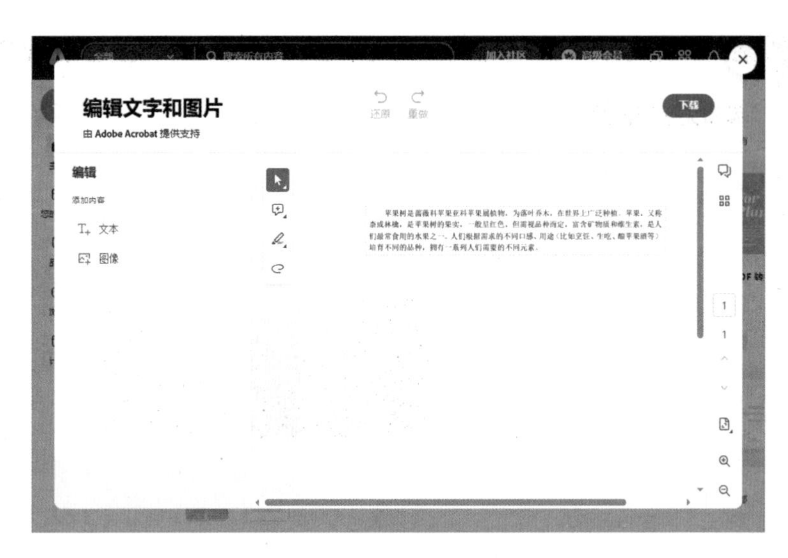

图6.24 上传PDF文档（续）

04 单击左侧的文本T+图标，可增加或者减少文字，并对格式进行调整，如图6.25所示。

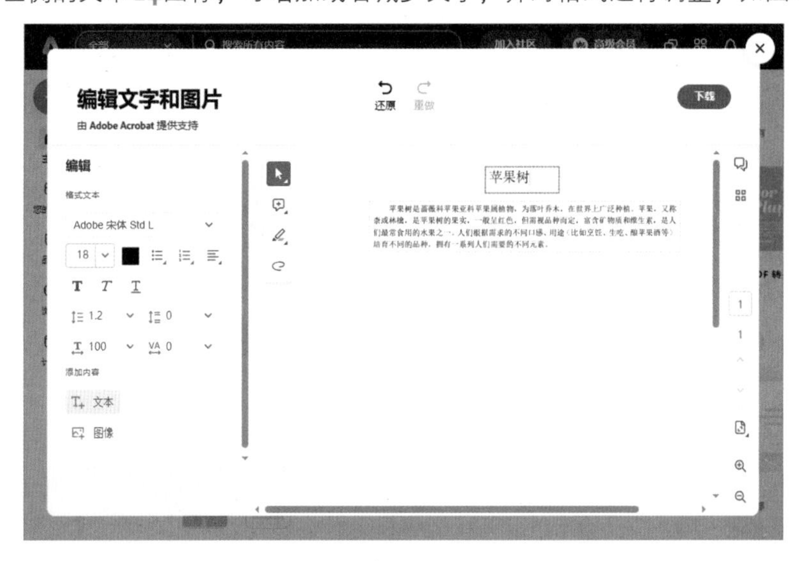

图6.25 编辑文字

05 单击左侧的图像图标，可上传图像文件，并对图像进行缩放、旋转、替换等操作。

06 完成文本及图像编辑操作之后，单击右上角的【下载】按钮，即可将完成编辑后的图像下载至本地，如图6.26所示。

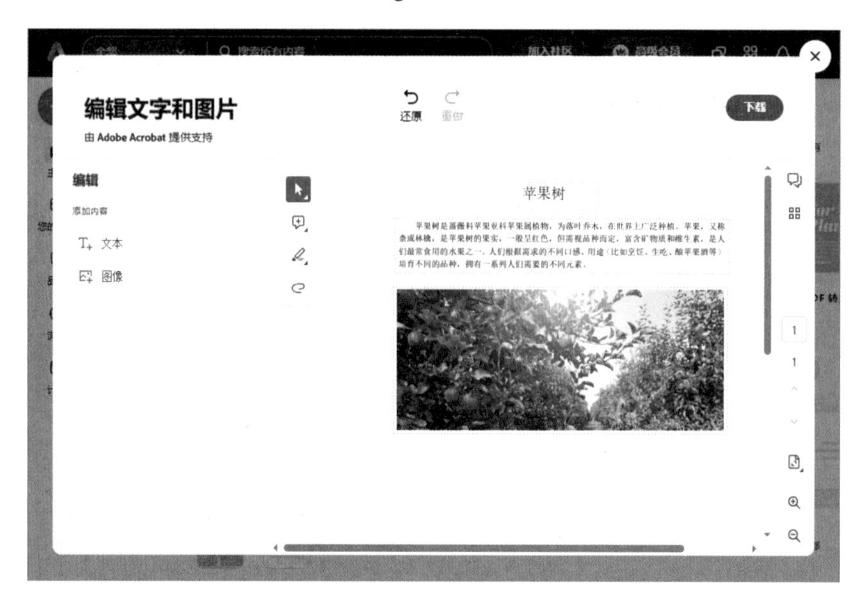
编辑文字和图片
由 Adobe Acrobat 提供支持
还原
下载
编辑
添加内容
文本
图像
苹果树
苹果树是蔷薇科苹果亚科苹果属植物，为落叶乔木，在世界上广泛种植。苹果，又称柰或林檎，是苹果树的果实，一般呈红色，但需视品种而定，富含矿物质和维生素，是人们最常食用的水果之一。人们根据需求的不同口感、用途（比如烹饪、生吃、酿苹果酒等）培育不同的品种，拥有一系列人们需要的不同元素。

图6.26 最终效果